Wolfgang Keck

7 Tage CSR vom Kleinsten

Nachhaltige/r Geschäfte machen!

ALTOP Verlag

1. Auflage 2016

Alle Rechte vorbehalten

© ALTOP Verlag, München 2016

Lektorat: Martina Steffens

Korrektorat: Vera Schilffarth

Covergestaltung: Julia Brunner

Satz: Jan Kliewer

Druckerei: Druckhaus Nord GmbH

541-826
Nordische Schwan

neutral
Drucksache

© myclimate – The Climate Protection Partnership

ISBN 978-3-925646-68-3

Inhalt

Geleitwort des Herausgebers

Liebe Leserinnen und Leser dieses Buches,

an dieser Stelle möchte ich als Herausgeber dieser wunderbaren, kleinen Lektüre einige meiner Gedanken zum Ausdruck bringen und Ihnen aufzeigen, welche Gründe mich dazu bewegt haben, dieses Werk zu unterstützen. Ein Grund ist, dass es bereits unzählige Fachbücher zu Corporate Social Responsibility (CSR) auf dem Markt gibt. Deutlich mehr als ein Mensch lesen kann oder auch will. Wir werden regelrecht überflutet von Informationen zum Thema CSR und der Umsetzung von CSR in Unternehmen. Brauchen wir tatsächlich noch ein weiteres Fachbuch, das uns Fakten über Fakten zum Thema CSR liefert? Gerade aus dieser Frage heraus erregte „7 Tage CSR vom Kleinsten" meine Aufmerksamkeit. Ich war der Überzeugung, dass wir vielmehr ein Werk brauchten, das uns Hoffnung gibt. Hoffnung, dass Corporate Social Responsibility nicht nur als Imageverbesserung von großen Unternehmen verwendet wird und nur mithilfe von zahlreichen Zertifizierungssystemen und Normen, die hierbei einzuhalten sind, umgesetzt werden kann. Sondern, dass CSR auch in kleinen Betrieben, selbst ohne Zertifizierungen, sinnvoll ist und durchaus auch zu finden ist. „7 Tage CSR vom Kleinsten" zeigt genau dies: CSR muss mit Leidenschaft und aus Überzeugung ins eigene Unternehmen integriert werden. Und hier sind kleine, oft sogar sehr kleine Unternehmen die richtige Anlaufstelle, um diese Liebe zum Detail zu beleuchten. Denn sie sind es, die meist noch aus rein intrinsischer Motivation an die Sache herangehen. Ein sehr gutes Beispiel hierfür ist meiner Meinung nach das Label „BRACHMANN". Hier wird zwar auf Zertifikate verzichtet – weniger fair oder ökologisch sind sie deshalb allerdings nicht. Soziales Engagement sollte nicht ausschließlich an Zertifikaten festgemacht werden. Denn durch die persönliche Beziehung zu den Partnern und Lieferanten ist für das kleine Unternehmen eine derart gezielte Kontrolle und Steuerung im Bereich Nachhaltigkeit in der gesamten Wertschöpfungskette möglich, wie es in großen Unternehmen oft nicht der Fall ist.

Als Geschäftsführer eines Verlages und Herausgeber von mehreren Magazinen kann ich aus Erfahrung sprechen und behaupten, dass es nicht auf die Größe des Unternehmens ankommt, um etwas Positives zu bewirken. Es kommt vielmehr auf die eigene Überzeugung und letztendlich die Umsetzung an. „7 Tage CSR vom Kleinsten" gibt authentische Anregungen, die uns ermutigen, für eine lebenswerte Zukunft von Wirtschaft und Gesellschaft aktiv zu werden.

Lassen Sie sich also inspirieren von dem, was Wolfgang Keck bei seinen Besuchen in kleinen Unternehmen gesehen und erlebt hat: Sowohl das Beispiel der „Matrix Architekten" als auch das der „Armenklinik" von Herrn Dr. Roth zeigen, welchen Verstärkungseffekt es hat, wenn man die Öffentlichkeit mit seiner Leidenschaft erreicht.

Kleine Unternehmen sind oft eine Herzensangelegenheit. In ihnen wird CSR noch aus Liebe zum Detail und aus Verantwortungsbewusstsein umgesetzt. Sie können mit einer gezielten und gekonnten Öffentlichkeitskommunikation Inspiration und Vorbild für andere sein. Auch ohne Zertifikate und Prüfsiegel können sie Großes bewegen. Als Unternehmen und ihre Mitarbeiter als Menschen.

Fritz Lietsch

... studierte BWL sowie Markt- und Werbepsychologie an der LMU in München. Als Gründer des ALTOP-Verlags, Herausgeber der ECO-World und Chefredakteur der forum Nachhaltig Wirtschaften trägt er das Thema Nachhaltigkeit in die Unternehmen. Er ist Fachbuchautor, gefragter Key Note Speaker und Moderator zahlreicher Events.

1

Ein Ort des Aufbruchs

> *Im Jahr 1874 war wohl nicht Nachhaltigkeit für die Bewohner in Scheeßel Stadtgespräch, sondern die Eröffnung der Bahnhofsstation und die mit den Zügen ankommenden Gesichter und Geschichten aus aller Welt. Über 100 Jahre später geriet der Bahnhof in Vergessenheit. Bis ein Unternehmerpaar auf das Gebäude aufmerksam wurde und ihm ein neues Leben schenkte. Heute erzählt man sich dort Geschichten von verantwortungsvollen Unternehmen und reicht Essen für Obdachlose.*

Im Alten Bahnhof der Einheitsgemeinde Scheeßel, über die Gleise etwa gleich weit von Hamburg und Bremen entfernt, bringen die Macherinnen und Macher des *Unternehmerkontors* neue Geschäftsideen ins Rollen. Als ich das historische Bauwerk betrete, sehe ich, dass die seitlichen Türen des Korridors mit einem Damenschuh, einem Herrenschuh beziehungsweise einem Rollschuh markiert sind. „Suchen Sie sich das für Sie passende Symbol aus", ruft mir die Inhaberin des *Unternehmerkontors* zu. Ich wähle die Türe mit dem Herrenschuh und wasche mir nach meiner Bahnreise die Hände. Hinter dem sinnbildlichen Rollschuh verbirgt sich die Behindertentoilette. „Man muss doch nicht gleich ‚Behinderte' draufschreiben", erklärt die Hausherrin. Die Unternehmenskultur, auch mal locker und charmant mit Inklusion und Verantwortung umzugehen, begegnet mir bei meinem Aufenthalt in Scheeßel immer wieder.

Den Empfangsbereich des ehemaligen Bahnhofsgebäudes bauten die heutigen Betreiber in eine moderne Küche um. Dort stehen in der Ecke noch leere Getränkekisten vom letzten Wochenende. Eine Gruppe von Jungunternehmern veranstaltete hier einen Workshop. Die Logos auf den Kisten stehen nicht unbedingt für das, was die Inhaberin des *Unternehmerkontors* als nachhaltig bezeichnet. „Wir haben schon oft über die Praktiken dieses Herstellers gesprochen", betont sie. Sie wirkt dabei, als werde sie auch in Zukunft auf nachhaltigere Alternativen, selbst bei mitgebrachten Getränken, aufmerksam machen. Dennoch gibt es nirgends in der Küche oder in den großzügigen Arbeitsbereichen eine Besucherordnung. Nichts hat für mich einen belehrenden Beigeschmack, aber vieles deutet auf ein ehrliches Bemühen hin, in Scheeßel ein etwas anderes Geschäftsmodell der Unternehmensberatung voranzubringen: ein Konzept, welches das soziale Umfeld, Umweltaspekte und regionale Besonderheiten berücksichtigt.

Das *Unternehmerkontor* ist ein Markenzeichen und bietet Gründern und Selbstständigen an, sie bedarfsgerecht in allen betrieblichen Phasen wie Finanzierung, Buchführung, Unternehmensentwicklung, Weiterbildung und Vernetzung zu begleiten. In passenden Fällen hat das historische Bahnhofsgebäude auch räumliche Möglichkeiten für weitere Ansiedlungen kleiner Unternehmen. Ab dem späteren Vormittag erlebe ich das auf recht umtriebige Weise: Der Alte Bahnhof wird zum Anziehungspunkt für einige Bürgerinnen und Bürger. Denn zweimal wöchentlich findet in Zusammenarbeit mit einem Sozialverein am ehemaligen Schalter für Zugfahrkarten eine Lebensmittelausgabe an bedürftige Einheimische statt.

Das Inhaberpaar des *Unternehmerkontors* selbst speist mittags am kurzerhand umfunktionierten Besprechungstisch. Es gibt hausgemachte Minestrone und frischen Salat aus einem Landwirtschaftsbetrieb vor Ort, der auch zum Kundenkreis des Beraterteams zählt. Mit am Essenstisch sitzen zwei Unternehmer, die soeben zu einem Termin über abschließende Details ihres Finanzierungsvorhabens angereist sind. Während des Tischgesprächs berichten mir die beiden Kunden über den Prototypen ihres künftigen Amphibienfahrzeugs, das im benachbarten Hamburg kombinierte Erlebnisrundfahrten über Stadt- und Wasserstraßen ermöglichen soll. Ich erzähle über meine Wahlheimat Berlin und meine Liebe zum Wasser. Freilich steht bei den Unternehmensgründern auch die Hauptstadt an der Spree bereits im Businessplan. „Dann bin ich gespannt auf ein Wiedersehen", entgegne ich, als wir uns verabschieden.

Bevor das *Unternehmerkontor* dem Alten Bahnhof Scheeßel frischen Wind einhauchte, hatte das denkmalgeschützte Gebäude aus dem Jahr 1874 einen schweren Stand. Es war zum Teil ausgebrannt und Sanieren war mit strengen Vorgaben durch die Behörden verbunden. Außerdem: „Wen zieht es nahe der Metropole Hamburg mit einem Geschäftskundenkonzept aufs Land?", frage ich das Gründerduo, das den ehemaligen Bahnhof auf Erbpacht von 40 Jahren bewirtschaftet. Sie wünschten sich, der eigenen Familie durch einen Arbeitsplatz vor Ort wieder näher zu sein, und suchten deshalb in Scheeßel nach einer Gewerbeimmobilie. Das stark sanierungsbedürftige, historische Bahnhofsgebäude war den beiden eine willkommene Herausforderung. Sie haben ihre Vision als Entrepreneure selbst in die

Hand genommen. Das sichtbare Ergebnis ihrer Ideen kann und soll auch bei anderen den Unternehmergeist bestärken. „Ich gucke immer wieder nach oben auf Ihre Decke", berichte ich dem Unternehmerduo leicht schmunzelnd am Besprechungstisch. Die Decke ist holzvertäfelt und umspannt über dem alten Dielenboden einen Raum von gut fünf Metern Höhe. Mich animiert das immer wieder zu einem tiefen Atemzug, sogar einem Hinaufatmen in die Höhen des Arbeitsraums, der in früheren Zeiten einmal als Bahnhofskneipe diente.

Den Alten Bahnhof besuche ich im Jahr seines 140sten Geburtstages. Dazu gab es kürzlich einen Tag des offenen Denkmals, den das *Unternehmerkontor* zu einer ganzen Woche der offenen Tür erweitert hatte. Die Besucher aus Scheeßel hatten sich auf einer großformatigen Schatzkarte an der Frage beteiligt, was sie selbst an ihrer Gemeinde liebgewonnen haben. So entstand ein Gemeindeplan der ganz anderen Art. Man könnte ihn vielleicht einen „Werte-Stadtplan" nennen. Um Werte – nicht nur auf Finanzierungsseite – dreht sich überhaupt alles beim Konzept des *Unternehmerkontors*: „Wir wollen Talente zum Strahlen bringen", beschreibt das Unternehmerduo seine Kerntätigkeit.

Das *Unternehmerkontor* in Scheeßel ist das Ehepaar Carina und Peter Vollmer mit ihrer Studienfreundin und heutigen Mitarbeiterin Catharina Wesemüller. Seit Kurzem ergänzt eine Buchhalterin das Team und zeitweise auch Studierende und Praktikanten. Catharina Wesemüller trifft am frühen Nachmittag am Bahnsteig Scheeßel ein und ist damit schon so gut wie am Büroarbeitsplatz angekommen. Sie selbst ist im Rollstuhl unterwegs, wohnt in Hamburg und nutzt den stündlich verkehrenden Metronom-Zug nach Bremen als barrierefreie Anfahrt ins Büro. „Mir wurde so oft gesagt, was nicht möglich ist", berichtet Catharina Wesemüller, „doch es ist möglich." Ihre Begeisterung, mit der sie als Spezialistin für CSR, Barrierefreiheit und Entrepreneurship im *Unternehmerkontor* tätig ist, wirkt ansteckend. „Etwas machen, obwohl die Ressourcen nicht zur Verfügung stehen, etwas Unmögliches möglich machen", bezeichnet sie als ihren persönlichen Antrieb. Sie beschreibt mir das mit einer Geschichte aus ihrer Schulzeit. Bei einem Fahrradausflug mit der Klasse blieb die Rollstuhlfahrerin zunächst außen vor, bis einige mit anpackten und die Idee verwirklichten, die beeinträchtigte Schülerin auf einem Fahrradanhänger mitzunehmen. Alternative Wege suchen und wagen, ist für sie die zentrale Herausforderung des Unternehmertums. Heute berät Catharina Wesemüller Unternehmen und öffentliche Institutionen zu Barrierefreiheit. Dabei entpuppen sich oft schon beim ersten Kundenbesuch im Rollstuhl bislang ganz unbeachtete Hürden, denen sie sich stellen muss. Anders sieht es im Alten Bahnhof Scheeßel aus: Schon als die Beraterin im Rollstuhl eintrifft, öffnet sich automatisch eine Glasschiebetür und harmoniert dabei ästhetisch mit den 1,40 Meter breiten originalen Holztüren aus dem 19. Jahrhundert. Ein wunderschönes Beispiel dafür, dass ein barrierefreier Umbau sogar in einem denkmalgeschützten Gebäude gelingen kann.

In die Räumlichkeiten des *Unternehmerkontors* leuchten Fabriklampen mit dem Charme einer Theaterbühne. Schlichtes Industriedesign unterstreicht den modernen Charakter auf historischem Boden. Die Sitzhocker am Besprechungstisch sind stellenweise deutlich abgenutzt. Aber es sind echte Klassiker der Nachkriegsmoderne. Manche Unternehmensberatung würde solche Möbelstücke längst nicht mehr verwenden. Das *Unternehmerkontor* hingegen schätzt den zeitlosen Wert der Hocker, die sich nach ihrem Gestalter *Eiermann-Stühle* nennen. „Auch das ist Kommunikation", gibt der Inhaber Peter Vollmer lächelnd zu verstehen und bestärkt damit seine Ansicht, dass das Werteverständnis eines Unternehmens immer ganzheitlich zum Ausdruck gebracht werden sollte.

Das *Unternehmerkontor* im Alten Bahnhof Scheeßel verlasse ich erst zu späterer Stunde. Denn nach Feierabend lädt mich Peter Vollmer ein, an einem Abendseminar zum Thema Businessplan teilzunehmen. Nachhaltigkeit und unternehmerisches Engagement stehen in Scheeßel nahezu unausgesprochen über allem Handeln. Das Ehepaar Vollmer beschreibt es als Bereitschaft zum „Dienen auf Augenhöhe". Schlichtweg familiär scheint für Kunden und Mitarbeiterinnen die Atmosphäre vor Ort. Dennoch ist den Unternehmensinhabern eine ausgewogene Balance zwischen Arbeit und Privatem besonders wichtig. „Es gab einen Punkt, an dem wir wussten: Wir brauchen ein eigenes Büro", lachen sie sich wissend zu. Die Anekdote verraten sie mir nicht – nur so viel, dass damit der Schritt in den Alten Bahnhof und der Grundstein für das *Unternehmerkontor* besiegelt waren.

2

Mensch, schönes Ding!

*Gebäude beeinflussen unser Klima negativ. Dabei kann energieeffi-
ziente Architektur maßgeblich zum Klimaschutz beitragen. Wie sehen
also Gebäude der Zukunft aus und was muss bei einer nachhaltigen
Planung berücksichtigt werden? Die Rostocker Energiearchitekten
stellen sich der Herausforderung, bereits heute an morgen zu denken.*

Zum Morgenkaffee sitze ich an einer Fensterreihe der Pension
Lotte in der Rostocker Innenstadt. Ich blicke zu einem Büro-
neubau gegenüber am Doberaner Platz und von dort nach oben
zu der Glasfassade, die das gesamte Dachgeschoss umspannt.
Nachdem ich ausgetrunken habe, gehe ich über den Platz und
klingle bei *Matrix Architekten*. Vier Etagen weiter oben begrüßt
mich Claus Sesselmann, einer der beiden Gründer und Inhaber.
Er ist gerade im Austausch mit einer Mitarbeiterin und hält
dabei eine Tasse Tee in der Hand. Die Glasfassade eröffnet von
hier aus gesehen ein weitläufiges Hintergrundpanorama, das
sich über die Schreibtische des Großraumbüros ausbreitet.
Architekt Sesselmann bittet mich in den Besprechungsraum,
der sich durch eine Glaswand von den anderen Arbeitsplätzen
abgrenzt. Er bringt einen Tee für mich mit und wir kommen
auf Nachhaltigkeit zu sprechen. Über den Dächern der Hansestadt erzählt er vom „Gucken, was genau da unten ankommt":

„Wer lebt den Nachhaltigkeitsgedanken? Wer ist es denn am Ende, der ihn umsetzt?" Angefangen hat das Architekturbüro vor über einem Jahrzehnt eher weniger repräsentativ in einem Hinterhof. Das Nachhaltigkeitsthema *Energie* haben die Architekten von Beginn an als ihren Schwerpunkt festgelegt.

„Unterm Strich haben wir nichts erreicht", resümiert Sesselmann. Er meint damit die Schere zwischen intelligenteren Ansätzen zur Energieeffizienz und den steigenden Ansprüchen von Nutzern. Als Beispiel für seine ernüchternde Gesamtbilanz nennt er moderne Autos im Stadtverkehr. Überdimensional große Limousinen, ausgestattet mit verbrauchsarmer Antriebstechnologie. „Energiesparen, koste es, was es wolle, ist eine etwas einseitige Betrachtung", sagt er und ergänzt: „Wir reduzieren uns nicht." Sesselmann spricht davon, „Suffizienz herunterzubrechen". Sein Ansatz lautet: „Ich kann auch gut leben mit weniger."

Matrix Architekten ist auf mittlerweile neun Beschäftigte angestiegen, teilweise sind es noch Mitarbeiterinnen und Mitarbeiter aus der Anfangszeit des Büros. Das Thema „Mobilität" betrachtet Sesselmann als städtebauliche Komponente konsequent mit. Auch und gerade hier, entscheidet sich die Frage nach Energiearchitektur. Für Firmenzwecke und privat setzen Geschäftsfürung und Team deshalb auf eine andere Art der Bewegungsfreiheit. Seit Jahren nutzen die Architekten, Planer und Baubetreuer Carsharing. „Die Fahrtkosten lassen sich projektbezogen abrechnen und jeder Fahrer ist versichert", berichtet Sesselmann. Selbst wenn das Carsharing bei Baustellen außerhalb der Stadt teurer werden kann, verzichtet das Büro auf einen repräsentativen

Fuhrpark und bringt damit die eigene Überzeugung zum Ausdruck. Außerdem sind die Architekten auch als Fahrradbüro bekannt. Auf diese Weise lernte Sesselmann neue Aspekte der Lebensqualität kennen: Beispielsweise erreicht er sein Innenstadtbüro jetzt ohne Stress durch Autofahren in Stoßzeiten und ohne zeitaufwändige Parkplatzsuche.

Claus Sesselmann trägt eine Brille und Kurzhaarschnitt, Jeans und ein schlammfarbiges Hemd. Beim Stichwort Nachhaltigkeit spricht er von einem der „ganz großen Themen" und fügt erläuternd hinzu, dass er darunter „nichts Neues, sondern eine Handlungsanweisung für einen vernünftigen Umgang" versteht, „miteinander und mit Ressourcen". Noch heute denkt er sich „Mensch, schönes Ding", wenn er auf einer Baustelle ein Brett im Dreck liegen sieht. „Das kommt aus Zeiten der Materialknappheit, als nicht jedes Brett sofort verfügbar war", berichtet er mir. Im Umgang mit Materialien hat er sich seinerzeit als Tischlerlehrling geübt. Der Anspruch zur Nachhaltigkeit ist für den Architekten „nicht auferlegt, sondern kam zwangsläufig" und zeigt sich im „Blick dafür, die Dinge anders zu bewerten".

Die Initialzündung, sich auf Energiearchitektur zu fokussieren, kam für das Gründer- und Geschäftsführerduo Claus Sesselmann und Christian Blauel mit dem Auftrag für das Objekt, in dessen Dachgeschoss der Architekt Sesselmann gerade mit mir spricht. Das moderne Bürogebäude planten die Architekten noch von ihren Schreibtischen im Hinterhof aus. Es wurde vor rund einem Jahrzehnt fertiggestellt, doch erst vor wenigen Monaten haben sie die frei gewordene Etage im Dachgeschoss „erobert".

Der damalige Investor hat das Objekt noch heute im Bestand. „Nur so funktioniert Nachhaltigkeit", spricht Sesselmann aus Erfahrung: Denn wer baut, um sofort zu verkaufen, lässt sich von seinem Architekten kaum überzeugen, dass ein heute höherer Aufwand für eine Investition in Energieeffizienz zukünftig finanziell zurückfließt.

Sesselmann beschreibt mir das Bürogebäude, die Glasfassade und die Ausrichtung nach Süden. Er erklärt mir das Konzept zur regenerativen Energiegewinnung durch Geothermie und das Lüftungskonzept, welches an heißen Sommertagen die nächtliche Kühle nutzbar macht. Zur Zeit der Inbetriebnahme des Bürogebäudes war bei vergleichbaren Gewerbeimmobilien ein sechsfach höherer Verbrauch an Heizöl üblich. Den Vorsprung beim Energiethema des Neubaus wollten Architekten und Investor gleichermaßen auch in der Öffentlichkeit vermitteln. „Wie sag ich's jemandem ganz kurz und knapp", erinnert sich Sesselmann an die Suche nach Begrifflichkeiten, um das komplexe Thema ins öffentliche Bewusstsein zu rücken. Seinerzeit kam den Pionieren aus der Architekturszene eine gesellschaftliche Diskussion gerade recht und erwies sich als Kommunikationsbrücke: das 3 Liter-Auto. Der Name „3 Liter-Bürohaus" bringt seitdem die Branchen-innovation des ganzheitlich durchdachten Gebäudekonzepts auf den Punkt.

Den größten Konflikt beim nachhaltigen Bauen sieht Sesselmann in der Lebenszyklus-Betrachtung eines Bauvorhabens. Sie reicht über einen Zeitraum von 30 bis 50 Jahren in die Zukunft. „Nur so kommen wir über die Schwelle", erklärt er, „aber wie lässt sich das argumentieren?" Sesselmann beschreibt mir die Lebenszyklus-Kosten am Beispiel eines Wärmedämmverbundsystems. Nicht nur der Einkaufspreis spielt eine Rolle, sondern zusätzlich die Fragen nach Wartungszyklen, Fugen, Rissen, Neuanstrichen der Fassade und dem dazu nötigen Eingerüsten des Gebäudes. Die Liste ist lang und umfasst selbst werthaltige Faktoren wie das Aussehen der Fassade. Denn auch der äußere Eindruck eines Gebäudes bestimmt erzielbare Erlöse bei Neuvermietung und Verkauf. „Am Ende entscheidet der Auftraggeber auf Basis der für ihn günstigsten Investition", sagt Sesselmann. Die *Matrix Energiearchitekten* gehen dabei in Breite und Tiefe auf sämtliche Fachdisziplinen des Bauvorhabens ein. Sie vergleichen etwa Fußbodendielen mit Laminat, Fenster aus Kunststoff mit Holzfenstern und vieles weitere mehr. Außerdem stellen die Architekten heraus, wie sich die unterschiedlichen baulichen Kombinationen auf die Lufthygiene im Gebäude auswirken. Für den erfolgreichen Betrieb von Bildungseinrichtungen ist das ein wichtiges Thema. Denn Lufthygiene beeinflusst die Konzentrationsfähigkeit der Lernenden und Lehrenden. Sesselmann sieht es als Hauptaufgabe seines Teams, solche ganzheitlichen Zusammenhänge und die Lebenszyklus-Kosten schlüssig darzustellen. Mit jedem Auftrag legt das Architekturbüro somit aufs Neue dar, warum es sich auszahlt, mehr Geld in nachhaltiges Bauen zu investieren.

Durch die wöchentlich organisierten Bürotreffen mit allen Beschäftigten verbessert sich das Team von *Matrix Architekten* stetig. „Bringt das bitte ins Büro zurück", lautet der Aufruf an jeden, der mitbekommt, wenn auf einer Baustelle etwas nicht richtig läuft. Wo es gerade klemmt und welche nächsten Schritte anstehen, gehört ebenso zur Teambesprechung, wie sich gegenseitig über aktuelle Entwicklungen aus der Baupraxis zu informieren. Die Bezeichnung *Matrix* steht für eine Urzelle, von der etwas ausgeht, berichtet mir Sesselmann über Unternehmensnamen und Kommunikationskultur. Die beiden Gründer und Freunde Claus Sesselmann und Christian Blauel wünschen sich, als Architekten Impulsgeber zu sein. „Es funktioniert auch heute noch, Impulse und Verantwortung weiterzugeben", resümiert Sesselmann zum Ende unseres Gesprächstreffens.

Kurze Zeit später an einem anderen stillen Örtchen ... „Ihr kriegt uns hier nicht raus! Das ist unser Haus", lese ich auf der Toilette für Jungs in einem von *Matrix Architekten* entworfenen Gebäude, das ich in der Rostocker Innenstadt besuche. Ich bin im Jugendalternativzentrum JAZ. Der seit der ersten Punkgeneration bekannte „Rauch-Haus-Song" der Band *Ton Steine Scherben* steht in seiner kompletten Textlänge auf die Toilettentüre geschrieben. Am Tresen erzählt mir ein Mitarbeiter im Studentenalter über die Volksküche und die Fahrradwerkstatt im Haus, derentwegen hierher auch Leute kommen, die sonst mit dem Club nichts zu tun haben. Drinnen im Café des Jugendzentrums hängt eine brasilianische Punkband, die das JAZ-Programm für den nächsten Abend ankündigt, auf einer Sofalandschaft ab. Die professionelle Espressomaschine hinter dem Tresen ermutigt selbst mich als Liebhaber ausgesuchter Kaffees dazu, einen Cappuccino zu bestellen. Bevor *Matrix Architekten* den Neubau des Jugendzentrums plante, war der Club eine baufällige Baracke kurz vor dem Abriss. Das heutige Gebäudeensemble hingegen wirkt auf mich eher wie gemacht für einen Architekturwettbewerb. „Wir sind jetzt als Mieter unter einem ökonomischen Druck, der früher nicht da war", sagt der junge Rostocker hinter dem Tresen, als er bemerkt, dass ich selbst ortsfremd bin. Das JAZ hat durch die neuen Planungen einen Betonbunkerbau als Konzertsaal bekommen, in dem die Lärmdämmung bei Konzerten und Clubabenden auch zum umliegenden Wohngebiet hin gelingt. Den Bunker umgeben Freiflächen, Werkstätten und weitere Einrichtungen des Jugendzentrums in Holzrahmenbauweise. Beim Rundgang durch das JAZ lese ich dick auf eine Außenwand aufgetragen: „Deutschland halt's Maul!"

Graffitis und Tags stellten die Architekten bereits in der Simulation des Gebäudes dar. Denn die Planer hatten versucht vorauszusehen, wie das Haus genutzt wird. „Keine Angst, Graffiti kommt sowieso", wollten sie der Stadtverwaltung Rostock als Auftraggeberin des Neubaus damit sagen. Claus Sesselmann hat alle Achtung vor der Stadt, die den Erhalt des Standorts für das Jugendzentrum und die Investitionen in einen hochwertigen Neubau mittrug. Die Architekten waren und sind überzeugt davon, dass sich der Einsatz für das JAZ in der Innenstadt lohnt. Denn die Devise „Jugend raus – Probleme weg" widersprach von Anfang an der Überzeugung der Planer. Vielmehr wollten sie aufzeigen, dass Integration möglich ist. Um die Lärmproblematik wirksam zu lösen, musste die Stadt mehr Geld in die Hand nehmen. So lag es wiederum an *Matrix Architekten*, dem finanziellen Mehraufwand entsprechende soziale Mehrwerte gegenüberzustellen. Dabei konnten sie den Standort des Clubs in der Innenstadt erhalten. Ausgeblieben ist aus Sicht von Sesselmann allerdings ein gewisses Maß an Wertschätzung durch die Betreiber des Jugendzentrums. Die Architekten hatten das JAZ zu den Planungen mit an den Tisch geholt, aber bei fast jedem Treffen war das Gremium der jungen Mitgestalter anders besetzt. Der basisdemokratische Leitsatz des Jungendalternativzentrums „Wer da ist, der entscheidet" erschwerte schließlich den Planungsprozess.

Der Partner von Claus Sesselmann, Christian Blauel, konnte an unserem Gespräch im Rostocker Architekturbüro nicht mehr teilnehmen. Ich hatte leider keine Gelegenheit mehr, ihn kennen zu lernen, da er kurz zuvor verstarb. In der Traueranzeige seines Architekturbüros hieß es:

„Es war nicht allein die Architektur, die Christian Blauel umtrieb. Es war vielmehr die größere Frage, wie wir morgen wohnen, arbeiten, leben wollen. Wie wir mit den natürlichen Ressourcen umgehen. Wie wir den Nachkommenden nicht die Zukunft verbauen. Diese ganzheitliche Sicht bestimmte seine Entwürfe, sein Leben. Und so nahm er auch seine letzte Herausforderung mutig an und zog sich Ende 2014 geordnet aus der Firma zurück. Wir sind ihm unendlich dankbar – für seine vielen Grundsteine und für den Schlussstein."

3

Unvergänglich in sich wandelbar

Die Hansestadt Hamburg ist bekannt für seine ehrbaren Kaufmänner. Seit dem Mittelalter steht diese Bezeichnung für ein wirtschaftliches Leitbild, das mit seinen Tugenden auf langfristigen Erfolg und Einklang mit dem gesellschaftlichen Interesse setzt. Was für ein Glück, dass es auch im heutigen Hamburg noch ehrbare Kaufmänner gibt ...

Ich blicke auf die Hände von Thomas Becker, während dieser freudig mitteilt: „Die gute Nachricht ist, es gibt Gold!" Er steht zu meiner Linken, rechts von mir ein geöffneter Tresor. Der Goldschmied ist Inhaber des gleichnamigen Ateliers im Hamburger Grindelviertel. Er und seine Beschäftigten beginnen die Arbeitswoche immer dienstags kurz vor zehn mit einer Teambesprechung. Es geht um die Abwicklung laufender Aufträge, um Urlaubsplanungen von Mitarbeitern, aber auch, wie schon seit vielen Jahren, um „faires Gold". Denn die unbequeme Tatsache, dass Gold und Diamanten aus herkömmlichen Bezugsquellen auf dem Weltmarkt oft alles andere als sozial und ökologisch verantwortlich abgebaut und gehandelt werden, verschweigt man unter den sieben Beschäftigten nicht. Die Teambesprechung läuft noch gut zehn Minuten in der räumlich offenen Werkstatt, die sich hinter den Schaufenstern und der Schmuckausstellung durch eine Empore hervorhebt.

Zunächst suche ich das Gespräch mit seinen Mitarbeitern, bevor ich Thomas Becker auf die Ringe an seinen Händen anspreche.

In der Schmiedewerkstatt beginnt das Hämmern und Schleifen. Nebenan im Büro schaltet sich Thomas Becker in eine Telefonkonferenz. Er spricht in Übersee mit seinem Lieferanten, der Gold unter fairen Arbeitsbedingungen und ökologisch kontrolliert gewinnt. Mein erster Gedankenaustausch führt in die Küche des Ateliers zu einer langjährigen Freundin und heutigen Kollegin von Thomas Becker. Sie versorgt uns mit kräftigem Kaffee und stillem Wasser. Ich spreche die Goldschmiedin auf eine Tafel an, die über dem Küchentisch an der Wand hängt. Dort stehen einander zugeordnete Begriffe wie: Authentizität, Begeisterung, Engagement, Fairness, Wohlstand, globales Denken. Es ist die Vorlage zum Leitbild des *Ateliers Thomas Becker*. „Das hat intern viel ausgelöst, weil wir es ja miteinander gemacht haben", erzählt meine Gesprächspartnerin. Sie spricht dabei über „die Essenz dessen, was uns berührt" und „eine sehr energetische Zeit, die uns echt beflügelt hat". Währenddessen holt sie ein Fotoalbum hervor. Sie zeigt mir, wie die Beschäftigten das Leitbild in eine Zeichnung umsetzten. Die Skizzen reichen vom Springbrunnen bis hin zur Schildkröte. Das Leitbild als Baum mit dazugehöriger Gießkanne – die mit den Wertebegriffen gefüllt den „Leitbildbaum" nährt – war die Idee einer damaligen Praktikantin. Heute befindet sich das Leitbild auf einer tragenden Säule im Ausstellungsraum des Ateliers. Es besteht aus Leit-Worten der Beschäftigten. Diesen Leit-Worten sind außerdem einzelne Schmuckstücke auf der Internetseite der Goldschmiede zugeordnet. „So bleibt unser Leitbild weiter lebendig", meint die Goldschmiedin.

Die Kollegin von Thomas Becker berichtet über Engpässe und Erschwernisse, faires Gold, Diamanten sowie andere Edelsteine und Edelmetalle zu beschaffen. Über den Inhaber des Ateliers sagt sie: „Er fasst das ganzheitlich an." Das *Atelier Thomas Becker* zählt zu den Vorreitern am deutschen Markt, die mit fairen Rohstoffen arbeiten. Schulen für künftige Goldschmiede betonen leider auch heute noch oft stärker die Wertigkeit der Edelmaterialien als die damit einhergehende soziale und ökologische Ausbeutung. Die Goldschmiedin und das Team um Thomas Becker wollen „nicht so gedankenlos" arbeiten: Unter Goldschmieden gelte aus Tradition der Handschlag, aber auf dem globalen Beschaffungsmarkt bleibt vieles anonym und im Dunkeln. Deshalb hinterfragt das *Atelier Thomas Becker* die Prozesse. Bei seinem Lieferanten für faires Gold in Kolumbien leistet das Hamburger Atelier gerade eine Anschubfinanzierung für ein Pilotprojekt, das vor Ort die Prozessüberwachung fördert. Ziel der Hamburger Goldschmiedewerkstatt ist es, in den nächsten drei bis fünf Jahren zu hundert Prozent mit Gold zu arbeiten, das entweder aus Recycling stammt oder aus fairem Abbau. Ersteres, das Recycling, hält Gold im Kreislauf und ist rein ökologisch gesehen die beste Lösung. Letzteres, die vor Ort faire Gewinnung des Edelmetalls, stärkt soziale Komponenten bei globalen Zulieferern.

Seit Längerem kooperiert das *Atelier Thomas Becker* mit weiteren Goldschmieden. Andere ordern mit, so dass eine kleine Interessengemeinschaft besteht. Dem Atelier liegt weniger daran, als einziges „fair" zu arbeiten, sondern vorwiegend am Bewusstsein für mehr Nachhaltigkeit in der gesamten Branche und auf

Kundenseite. Die Mehrkosten eines Schmuckstückes von Thomas Becker belaufen sich unter derzeitigen Marktbedingungen auf rund 25 Prozent. Der Aufpreis enthält neben Beschaffungskosten für „faires" Edelmaterial auch weitere Eckpfeiler einer nachhaltigen Unternehmensführung: Das Atelier bezieht Grünen Strom vom regionalen Anbieter, setzt im Verkaufsbereich bereits komplett auf umweltfreundliche Lichtgestaltung und arbeitet mit grüner IT und umweltverträglichen Gebrauchsobjekten. Das Atelier hat sich auch für eine ethische Bankverbindung entschieden. In unmittelbarer Nachbarschaft gründete Thomas Becker mit gleichgesinnten Gewerbetreibenden und Handwerkern die Initiative *Grindel goes green*.

Zum gemeinsamen Mittagessen im Atelier verwandelt das Team das Büro des Chefs wie im Handumdrehen zum Treffpunkt mit offenem Fenster hin zum grün überwachsenen Hinterhof. Nach der Mittagspause frage ich eine der jungen Gesellinnen, was sie besonders an ihrem Meister schätzt: „Er stellt alle gleich", sagt sie, ohne lang nachzudenken. Durch die Teambesprechungen stehen alle hinter den Entscheidungen, bringen sich ein und kennen ihren Verantwortungsbereich. „Jeder geht mal nach vorn", berichtet die Mitarbeiterin über den Kundenkontakt an der Schnittstelle von Werkstatt und Ausstellungsraum. Und: „Wer den ersten Kontakt zum Kunden hat, ist auch weiterhin der Auftragshauptverantwortliche."

Hinter dem Schreibtisch von Thomas Becker fällt mir die große Regalwand auf. Hier sammeln sich alle betrieblichen Vorgänge und sämtliche Beschäftigten greifen darauf zu. Die Ordner tragen den Markennamen eines Versandhauses, das für nachhaltigen Bürobedarf steht. Zudem sind sie mit einem mehrfarbigen Streifensystem gekennzeichnet. Dadurch bilden sich optisch klar erkennbare Gruppierungen und Einstufungen heraus. Eine Mitarbeiterin erklärt mir das selbstentworfene Organisationssystem: „Das ist ein Beispiel, wie wir im Team Struktur reinbringen."

Nach einem Austausch mit allen Beschäftigten – die Belegschaft im Atelier erstreckt sich vom Schulabgänger bis zur Rentnerin mit Zuverdienst – komme ich im Laufe des Nachmittags auf Thomas Becker zurück. Dass er sich immer die notwendige Zeit für einen nimmt, haben mir seine Angestellten vorab schon erzählt. So wundert es mich nicht, dass mir ein entspanntes Gespräch im benachbarten Straßencafé bevorsteht. Ich frage Thomas Becker nach seiner Anfangszeit im Beruf. Er ging mit 28 Jahren verhältnismäßig spät in die Goldschmiedelehre. Damals war er als frisch Diplomierter von den Theologischen Fakultäten in Bonn und Freiburg ein Quereinsteiger. „Dinge umsetzen, andere vermeiden", beschreibt er seinen Wunsch, beruflich selbstständig zu sein, mit dem er im Umfeld kirchlicher Hierarchien keinen passenden Platz für sich sah. Kunden bringen ihm manchmal nahe, dass er sich als Goldschmied mehr mit einem Brautpaar auseinandersetzt als die dafür kirchlich zuständigen Vertreter. „Ich stelle Fragen nach den gemeinsamen Werten, dem gemeinsamen Nenner, den Zielen", sagt er. Schließlich ist für ihn Schmuck ein Sinnbild, das der Mensch trägt. Schmuck zu schenken wiederum, ist ein Ausdruck von Wertschätzung. Der Goldschmiedemeister trägt an der linken

Hand seinen Trauring. An der rechten Hand trägt er einen, den er im Gespräch als „Nachhaltigkeitsring" bezeichnet. Vor etlichen Jahren hat er ihn selbst entlang der Fragestellung „Was mir wichtig ist" angefertigt. Entstanden ist dabei ein Ring mit drei Köpfen, der am Finger drehbar jeweils eines von drei Symbolen nach außen zeigt, wobei alle Komponenten stets verbunden bleiben. Das erste Symbol, ein Pentagramm, steht für das Lebensprinzip „Weisheit im Verhältnis des Menschen mit der Welt". Das nächste ist ein Labyrinth und bedeutet für Becker die „zeitliche Komponente des Daseins" sowie symbolisch den eigenen Lebensweg. Die dritte Möglichkeit, den Ring zu tragen, zeigt ein Quadrat im Kreis mit einer Inschrift, die übersetzt „Erkenne Dich selbst" bedeutet. Der Goldschmied im Grindelviertel wünscht sich „Kollegen, die in dieselbe Richtung unterwegs sind". An seinem Team schätzt er am meisten die „Vielfalt, Identifikation und Ernsthaftigkeit mit den Aufgaben, Zielen und Werten".

4

Ist O.K., kommen Sie mal wieder

Die Allgemeine Erklärung der Menschenrechte der Vereinten Nationen verkündet in Artikel 1 Satz 1: Alle Menschen sind frei und gleich an Würde und Rechten geboren. Doch die einen haben das Geld, um ihr Recht einzufordern, und die anderen eben nicht. In Dessau gibt es einen Anwalt, dem die Würde und das Recht der Menschen wichtiger sind als ihr Geld.

Ich nehme den Teebeutel aus der Tasse und stelle sie auf das rote metallene Schreibbrett, das ich auf meiner „CSR Reise" als einziges Arbeitsmittel mit mir führe, freilich nicht ohne Stift, und mit ausreichend unbeschriebenem Papier. Mit handschriftlichen Notizen aus Dessau und mit Laptop auf dem Schoß sitze ich in meinem Berliner Zuhause im Ostteil der Stadt. Ein Neubau aus den Nachwendejahren, geplant von einem Architekten, der in der damaligen DDR als Nachwuchstalent galt. Ein Sonntagabend wie dieser ist nicht meine übliche Arbeitszeit, aber gerade diese ruhigen und ungestörten Stunden eignen sich gut zum Texte schreiben. Auf der Tastatur tippend und am Tee nippend, denke ich an die Begegnung mit dem Anwalt, den ich in der Bauhausstadt Dessau besuchte; an die Mittagsstunde, in der ich seine Kanzlei in einer gutbürgerlichen, beflaggten Villa betrat und unser Gespräch über Nachhaltigkeit mit dem Thema Architektur begann. Dr. Stefan Exner, der im inner-

städtischen Nordviertel von Dessau eine fünfköpfige Anwalts-
kanzlei betreibt, sieht im Bauhausstil einen Kontrapunkt zur
typischen Architektur der zwanziger Jahre. „Einen Aufbruch
in die Moderne aus damaliger Sicht", nennt er es. Dabei erwähnt er Fotographien, die seinen heutigen Bürostandort
noch in schwere Tapeten gekleidet und mit verschnörkelten
Möbeln bestückt zeigen. In derselben Zeit- epoche, in der sein
Unternehmenssitz als bourgeoises Herrenhaus erbaut wurde,
nahm die klassische Moderne in Form des Bauhauses von
Dessau in aller Welt Gestalt an. Dr. Exner berichtet über das
Licht in den Fenstern als typisch für die neue, offene Bau-
weise. Dabei fällt mein Blick auf die große Rundbogenver-
glasung mit vorgebautem Balkon, welche dem Anwaltsbüro, das
mit schlichtem Mobiliar und tiefblauem Büroteppich ausgestattet ist, Helligkeit und Öffnung nach draußen verleiht. „Hier
ist das Zimmer mit den größten Fenstern", meint Dr. Exner
schmunzelnd, als ich ihm meinen Eindruck über die Offenheit in
seinem Arbeitszimmer schildere.

„Hier bewegt sich was, hier gibt es was zu tun", berichtet der
Anwalt über das Dessau, das er nach seiner Promotion an der
Universität Augsburg in der frühen Nachwendezeit um 1991
als Ort für seinen Aufbruch ins Berufsleben wählte. Er erinnert
sich an seinen ersten Abend in der Stadt, an dem er als junger
Anwalt in einer Pizzeria ohne Türe saß und ihm deshalb etwas
frostig war. An allen Ecken und Enden ging es um den Aufbau
Ost und Dr. Exner nennt das rückblickend einen „Riesenspaß".
Nach den ersten vier Berufsjahren im Angestelltenverhältnis

wählte er mit vorhandener Erfahrung und einer Menge eigener Vorstellungen den Weg in die Selbstständigkeit. Der Anwalt beschäftigt sich heute mit einer 80 Stunden-Woche „riesig gerne" selbst und ist darüber hinaus Arbeitgeber für zwei Anwältinnen und weitere zwei Fachangestellte. Das Angebot von Dr. Exner, für bestimmte Fälle und Klienten auch „pro bono" zu arbeiten, also rein auf Kostendeckung oder auch ganz ohne Honorar, machte mich während meiner Recherchen auf seine Kanzlei aufmerksam. Die Bezeichnung „pro bono" gefällt dem Anwalt für das ehrenamtliche Bearbeiten von Rechtsfällen. Er gibt dabei zu bedenken: „Ob ,pro bono' für das Gute oder für den Guten heißt, kann man sich überlegen."

Mich überrascht im Gespräch mit Dr. Exner, dass dieses Angebot relativ selten beansprucht wird. „Pro Jahr sind es etwa drei bis vier Anfragen", berichtet er. Dabei besteht die Grundidee darin, Hilfeleistungen für sozial Benachteiligte honorarfrei zugänglich zu machen. Ich bin darüber überrascht, dass weder Angestellte noch neue Bewerber anfragen, ob auch sie während der eigenen Arbeitszeit pro bono tätig werden können. „Bislang wird das in Vorstellungsgesprächen nicht thematisiert", meint Dr. Exner. „Es geht zuerst um Geld und Arbeitszeit, alles Weitere spielt dann eher eine Rolle für das Bleiben und Wohlfühlen in der Kanzlei." „Pro bono" ist also mehr ein Selbstverständnis des Anwalts und ermöglicht ihm, das Image seiner Kanzlei zu pflegen und gleichzeitig besonders interessante Fälle zu bearbeiten, bei denen das sonst übliche Honorar auch einmal in den Hintergrund rücken darf.

Dr. Exner ist bereits die längste Zeit seines beruflichen Wirkens in Dessau politisch ehrenamtlich aktiv. Er engagierte sich rund 20 Jahre lang als Stadtrat, etwa die Hälfte dieser Zeit im Vorsitz. Im Schnittpunkt von Politik und Jura liegt auch sein ganz besonderes Interesse für Anfragen im pro bono-Bereich. Denn es geht in der Politik genauso wie in der Arbeit als Anwalt um das „Verhandeln von Mehrheiten", resümiert mein Gesprächspartner, der vermutlich nicht nur bei unserem Treffen seinen Beutel schwarzen Tee recht zügig wieder aus der Tasse nimmt. Als Hausherr und Gastgeber sitzt er mir in einem blauen Anzug mit weißem Hemd und einer farbgefächerten Krawatte gegenüber. Er trägt eine randlose Brille und notiert während unseres Gesprächs aufmerksam mit.

Was Dr. Exner (noch) nicht unter „pro bono" versteht, ist eine kurze kostenfreie Auskunft am Telefon bei rechtlichen Anfragen im Erstkontakt. In solchen Fällen sagt er dem Anrufer dann lieber: „Ist O.K., kommen Sie mal wieder..." Der Anwalt sieht unter anderem darin einen Grund für die rund 95 prozentige Mandantentreue in seiner Kanzlei. „Fast alle kommen auf Empfehlung", fügt der Wahl-Dessauer hinzu und ergänzt auf seine frische und umsichtige Art: „Unternehmersein erschöpft sich nicht darin, Gewinne zu machen."

Als ich an Dr. Exner wenige Wochen vor unserem Treffen eine E-Mail über mein Buchprojekt und das damit einhergehende Interesse an seiner Erfahrung mit pro bono-Tätigkeiten schrieb, erhielt ich kurzerhand einen Terminvorschlag aus seinem Büro. Diese Offenheit inhaltlich weiter fortzusetzen, kennt freilich

Grenzen aufgrund der Schweigepflicht im Anwaltsberuf. „Keine Rückschlüsse auf konkrete Fälle", nennt er es. Ohne Institutionen oder weitere Zusammenhänge anzuführen, spricht der Anwalt über Schieflagen, wie sie beispielsweise im Umgang mit behinderten Menschen vorherrschen. Und darüber, „wenn Vorschriften nicht mit Herz und Menschenverstand angewendet werden". Dann kommt er auch schon mal „von hinten zur Tür reingefallen, wenn er vorn rausgeflogen ist". Dr. Exner meint damit Fälle, in denen Mandanten erst aufgrund einer anwaltlichen Betreuung überhaupt zu ihrem Recht kommen. Er würde sich mit manchen Behörden gerne mehr Zusammenarbeit wünschen anstelle einer Mentalität, die rein darin besteht, Probleme weg vom eigenen Schreibtisch an andere Stelle zu verschieben.

Beim eigenen Berufsstand macht der Anwalt recht erfreut die Erfahrung, „dass man dort auch einen Sozialgedanken akzeptiert". So habe ihn noch nie ein Kollege prüfend gefragt, wieviel er denn pro bono arbeite. Dr. Exner erlebte auch bereits den Fall, dass er für einen Mandanten honorarfrei tätig werden wollte, doch dieser selbst keine weiteren rechtlichen Schritte mehr beabsichtigte. „Man kann sich auch ehrenamtlich nicht aufdrängen, wenn auf der anderen Seite das Interesse fehlt", meint der Anwalt. Auch für eine erfolgreiche pro bono-Rechtsberatung stellt er als Bedingung fest: „Ich bin darauf angewiesen, dass der Mandant zu- und mitarbeitet."

Zum Abschluss des Treffens spreche ich Dr. Exner auf ein Zertifikat an, das mir im Wartebereich der Kanzlei auffiel. Es bescheinigt dem Unternehmen ein Qualitätsmanagement geprüft nach ISO 9001. Der Anwalt berichtet mir, dass er die Geschäftsabläufe seiner Kanzlei mittlerweile auf die elektronische Akte umgestellt hat. Er erklärt kurz den Prozess: „Als Papier eingehende Post wird einmalig gescannt, ab dann sind die Papiervorgänge in unserem Büro erledigt." Dabei geht es der Kanzlei um eine zeitgemäße Unternehmensorganisation sowie um effiziente und ressourcenschonende Abläufe. Bewusst verzichtet Dr. Exner darauf, dies als ökologische Maßnahme zur Nachhaltigkeit beim Papierverbrauch zur Schau zu stellen. Erste Priorität hat für ihn die Funktionsfähigkeit und Datensicherheit der elektronischen Akten. Nachdem die Kanzlei vier Jahre lang parallel analog und digital gearbeitet hatte, ist nun der gesamte Betrieb umgestellt. Und zur Ressourcenschonung gehört für ihn auch, im angehenden digitalen Zeitalter unnötigen Stromverbrauch zu vermeiden.

Nachhaltig zu wirtschaften, heißt für Dr. Exner in seinem Beruf als Anwalt, „mit jeder Aktivität Erfahrungen zu sammeln". Er berichtet dabei über sein Engagement im Dessauer Verein *Helfende Hände*, der sich gegen Kinderarmut stark macht. Dort beschäftigt sich der Anwalt mit „Problemen von Eltern, die nicht auf der Sonnenseite des Lebens stehen". Er ist davon überzeugt, dass ein solches Verständnis im Hinterkopf sein Erfahrungsspektrum in der anwaltlichen Beratung bereichert.

5

Zeitlosigkeit verkörpern

Im England des 18. Jahrhunderts wurden Menschen und Kinder in der Textilwirtschaft ausgebeutet. Ist das heute anders? Über Sinn und Unsinn in der Modewelt, In- und Out-Sein sowie Produktionsbedingungen in Europa und Übersee berichtet ein kleines nachhaltiges Modelabel in Halle – und geht mit gutem Beispiel voran.

Sie trägt ein schwarzes Kleid, darüber einen leichten Langpullover in Blau und hat kurzes schwarzes Haar. Er, Brille und volles dunkles Haar, ist mit Jeans, T Shirt und offen getragenem Kapuzenpulli bekleidet. Wir trinken Kaffee an einem runden Tisch, daneben steht ein Standspiegel. Um uns herum im Showroom reihen sich dezente Farbtöne über etliche Kleiderständer aneinander. Ein offener Flur führt zum Atelier ins Nebenzimmer. „*BRACHMANN Post Classical Menswear*" lese ich im Schaufenster und auf den Textiletiketten an Hosen, Hemden, Jacketts und Mänteln.

Einige Wochen vor dem Kaffeetrinken in der Geburtsstätte des Labels *BRACHMANN* in Halle suchte ich nach einer Krawatte, denn auf meinem Terminkalender stand eine Veranstaltung, die man besser mit als ohne Schlips betrat. So begab ich mich in Berlin in den Kunst- und Modesalon *FRIENDLY SOCIETY* und ließ mich von den beiden Inhabern beraten, mit denen ich seit Längerem befreundet bin. Aus der Krawatte (ich habe keine in meiner Garderobe und trage sehr ungern welche) wurde eine schlichte Fliege in Grau. Dazu ein auf Naht und Kragen passendes Hemd. Anthrazitfarben und Marke BRACHMANN. Das Hemd war ein eher ungeplanter Zukauf, aber ich verspürte darunter das gewisse Etwas auf der Haut. An der Kasse der FRIENDLY SOCIETY berichtete mir Modespezialist Gregor Marvel, dass ich gerade ein Hemd des derzeit wohl nachhaltigsten Herrenlabels in Deutschland erworben hatte. Erfreut erzählte ich ihm den Anlass meines Kaufs: eine Festveranstaltung in Detmold, in der es tatsächlich um Nachhaltigkeit im Mittelstand geht.

Doch wieder zurück zum Gesprächstreffen in Halle, wo das heute in Berlin ansässige Label BRACHMANN ursprünglich herkommt. Ich frage meine Gastgeber, wie ihr heutiger Arbeitstag begann. Jennifer Brachmann und Olaf Kranz berichten mir darauf von einem soeben geklärten Missverständnis mit einem Produzenten im benachbarten Erzgebirge. Der Geschäftspartner hatte dem Herrenlabel aus einem organisatorischen Versehen heraus wesentlich mehr Teile geliefert, als durch BRACHMANN beauftragt. Für das Modelabel bedeutete dies, zwischen unternehmerischer Planung und dem Standpunkt abzuwägen, einen als wichtig erachteten Produzenten „nicht hängen zu lassen". Sie entschieden sich zugunsten des Geschäftspartners, denn im kurzlebigen Modegeschäft will BRACHMANN auf verbindliche Beziehungen setzen. Das Duo hinter dem Label nutzt bei solchen Fragestellungen die direkten und schnellen Feedbackkanäle als junges und kleines Unternehmen.

Es ist rund zwei Jahre her, als eine grundlegende Entscheidung der Partner Brachmann und Kranz das Modelabel *BRACHMANN* auf den Weg brachte. Es ging um die Frage, ob sie weiterhin ausschließlich Einzelstücke nach Kundenmaß anfertigen oder mit einem Label eigene Kollektionen vermarkten wollten. Brachmann und Kranz erinnern sich an die Thematik, vor der sie damals standen: „Wollen wir uns einer Dynamik hingeben, auf die wir selbst keinen Einfluss haben?" Denn im Modegeschäft nach vorne zu kommen, heißt, fremdgesetzten Rhythmen zu folgen: den Modemessen und Fashion Shows mit ihren Terminen in Mailand, Florenz, London, Paris und Berlin.

„Mode und Nachhaltigkeit, das ist eigentlich ein Widerspruch in sich", meint Olaf Kranz, der als Politikwissenschaftler und promovierter Soziologe auch im Wissenschaftsbetrieb tätig ist. Denn Mode erzielt ihre Aufmerksamkeit gerade aus dem Kurzweiligen. Es geht immer um das Neue: „Man ist entweder in oder out." Auf diesen Prüfstein stellt der Markt auch die als eher nachhaltig empfundenen Ökostoffe. Doch was bringt in der Mode ökologisch produzierte Ware, die erst gar nicht in wird oder nach einem kurzen Aufleuchten schon als out gilt? Ein grundlegender Nachhaltigkeitsaspekt beim Label *BRACHMANN* ist daher das zeitlose Design. Jennifer Brachmann und Olaf Kranz sprechen in dieser Hinsicht über Designlebensdauer, die durch look and feel bedingt ist". Sprich, das zeitlose Design und eine entsprechend langlebige Stoff- und Produktionsqualität gehen miteinander einher. Tragende Säulen der Nachhaltigkeit sind beim Label *BRACHMANN* daher: Beschaffung ausgesuchter Materialien aus Deutschland und dem europäischen Ausland sowie Produktion zu fairen Konditionen vorrangig in der Region.

Nachhaltigkeit hat im Wettlauf der Modewelt seine Fallstricke und Widersprüche. So kommen Stoffe, die aufgrund einer Öko-zertifizierung als nachhaltig gelten, oft von Subunternehmen aus China. „Die Lieferwege spielen eine Rolle", sagt Jennifer Brachmann über ihre Marke. In der Praxis unterliegen die in Fernost eingekauften Stoffe – zertifiziert oder nicht – oft mangelnder Transparenz in der Wertschöpfungskette, der selbst die größten Kleidungskonzerne noch immer relativ machtlos gegenüberstehen. In Deutschland hingegen sind ökologische und soziale Standards in der Regel so hoch, dass hiesige Stoffanbieter auf Öko-zertifizierungen leicht verzichten können – oder auch müssen. Denn Zertifikate bedeuten für Stoffanbieter einen zusätzlichen finanziellen und organisatorischen Aufwand, der sich bei Kleinunternehmen manchmal kaum rechnet. Doch ökologisch und fair gleichermaßen, das zeichnet oft gerade kleinere Teilnehmer auf dem Markt aus. Jennifer Brachmann und Olaf Kranz setzen entsprechend darauf, ihre Lieferanten und Partner persönlich zu kennen. Mehr noch, Olaf Kranz spricht vom „strategischen Knoten der Mode". Gemeint ist die „immense Hebelwirkung, die gerade ein kleines Label bei Nachhaltigkeit erzielen kann, da für das Label die gesamte Wertschöpfungskette steuerbar ist".

Jennifer Brachmann hat in Halle an der Kunsthochschule Burg Giebichenstein zunächst Architektur studiert, dann Modedesign. Ihr Anspruch an postklassische Männermode hängt heute eng mit den Formsprachen und Gestaltungsprinzipien der Architektur zusammen. Dabei liegt ihr, wie sie es nennt, „gute Architektur am Herzen, ornamentfrei und am Funktionalismus orientiert".

Die Nähe zum Bauhaus Dessau besteht von Halle aus gesehen nicht nur geographisch. Auch gestalterisch ist das Konzept des Bauhauses im Label *BRACHMANN* ablesbar, weshalb selbst das Atelier in Halle in eine eher funktionale Architektur gekleidet ist: Es liegt im Erdgeschoss eines innerstädtischen Plattenbaus, umrahmt von Fachwerkhäusern nahe zum mittelalterlichen Wahrzeichen der Stadt, dem Roten Turm. In einer perfekten Welt möchte die Architektin und Modedesignerin Brachmann für ihr Label selbst ein Haus bauen, meint sie schmunzelnd.

Unser Gespräch über Nachhaltigkeit ergänzt Jennifer Brachmann um eine prägende Erfahrung, die sie gesammelt hat, als sich das Label einmal gezielt in einem grünen Showroom präsentierte. Statt fasziniert vom Produkt zu sein, standen die Ökokriterien wie davon abgekoppelt auf dem Radar einiger Besucherinnen und Besucher: Es ging ihnen in auffälliger Weise gar nicht ums Design. Die erste Frage war immer: Sind die Stoffe zertifiziert? Das Label *BRACHMANN* verzichtet darauf, seine Nachhaltigkeit in den Vordergrund zu rücken. „Wir wollen in erster Linie über das Design kommunizieren, die Nachhaltigkeit gibt es dann dazu", bringt Kranz den Anspruch der Marke zusammenfassend auf den Punkt. Ich erinnere mich bei seinen Worten an meine eigene Erfahrung, als ich mein Hemd in der Berliner *FRIENDLY SOCIETY* einkaufte. Entscheidend waren für mich die Vorauswahl und Beratung durch die mir gut vertrauten Händler, aber auch mein eigener Spürsinn. Denn selbst ohne fachmännischen Blick fing mich das Design der Herrenmode von *BRACHMANN* ein. Die Nachhaltigkeit gab es dann an der Kasse dazu, nachdem ich schon entschieden hatte.

In Halle ziehen die großen Schaufenster des Ateliers und Ladengeschäfts immer wieder neugierige Passanten an. Man sieht, dass hier jemand arbeitet und ansprechbar ist. So bleiben Brachmann und Kranz auch mit dem Laufpublikum jenseits der Laufstege von Shows und Messen in Kontakt. Manch zufällig aufmerksam gewordener Mann hat schon die Schwelle der Eingangstür zum Modelabel überwunden und gemeint, wie Olaf Kranz zitiert: „Ich interessiere mich eigentlich nicht für Mode, aber das hier, das fasziniert mich."

6

Jene sehen, die übersehen werden

Was passiert in unserer Gesellschaft mit einem Menschen ohne Kranken-versicherung, wenn er krank wird? Und was bedeutet uns ein solches Schicksal? In Ulm folgt ein Arzt seinem Eid des Heilens und jeglichen Hürden zum Trotz geht er den Weg des Helfens – mit aller Konsequenz!

Der Ulmer Augenarzt und Allgemeinmediziner Dr. med. Hans-Walter Roth empfängt mich zu einem Termin außerhalb der Praxiszeiten in seinem Wohnhaus im Stadtteil Wiblingen. Er bittet mich ins Arbeitszimmer im etwas verwinkelten Dach-geschoss. Ein großzügiger Schreibtisch mit zusätzlicher Sitz-gelegenheit bildet die räumliche Mitte zwischen weiteren zwei PC Stationen. Die drei Arbeitsplätze des Arztes sind über eine Bibliothek zu Heilkunde, Geschichte und Archäologie mit-einander verbunden. An den Wänden hängen historische Kupferstiche aus der Ulmer Region. In einer Glasvitrine stehen Sammelstücke aus einigen Jahrhunderten der Erforschung des Sehens. Dr. Roth stellt eine Flasche Grapefruitlimonade und eine Flasche Wasser auf den Tisch. Nahezu druckreif erzählt er darüber, was in der Sozialpolitik in Deutschland oft übersehen wird: Menschen ohne ausreichenden und Menschen ohne jeglichen Versicherungsschutz. Hier greift er auf die Stadt-geschichte zurück. Denn im Jahre 1235 gründete ein Ulmer

Patrizier die so genannte *Armenklinik* in der damals freien Reichsstadt. Sie kam vor allem einer Schwemme an zeitweise arbeitslosen Tagelöhnern zugute, die sich durch den Bau der in der Donauschifffahrt als *Ulmer Schachteln* bekannten Boote ein besseres Leben erhofften. Aber schlechte Sicherheitsbedingungen führten zu häufigen Arbeitsunfällen. Fern von Heimat und Familien, waren viele Verletzte auf sich allein gestellt.

Ich bin erstaunt, als mir der Doktor berichtet, dass diese weltweit erste *Armenklinik* seit dem Mittelalter ohne Unterbrechung besteht. Allerdings gegenwärtig als Hospitalstiftung, die Gelder für soziale Zwecke verwaltet. Den Begriff *Armenklinik* hat der Ulmer Arzt wiederbelebt. Hier, im privaten Arbeitszimmer von Dr. Roth, organisiert und betreibt er sie zeitgemäß als virtuelles Netzwerk. Die Versorgung der Patienten erfolgt in seiner Praxis sowie, je nach medizinischer Notwendigkeit, in allen regionalen Fachpraxen von Ärztinnen und Ärzten, die sich der *Armenklinik* angeschlossen haben.

„Die Sozialfälle nehmen sehr stark zu", erzählt der Mediziner und, unter ärztlicher Schweigepflicht anonymisiert, berichtet er über einige Einzelschicksale. Er erwähnt dabei Menschen, die hier in Ulm einmal sehr vermögend waren, aber als Unternehmer durch den Preiswettbewerb mit Fernost ins Insolvenzverfahren geraten sind. Seither können sie ihren privaten Krankenversicherungsschutz oder hohe Summen zur Wiederaufnahme in gesetzliche Kassen nicht mehr bezahlen. Dann erzählt Dr. Roth von einem Flüchtlingskind mit einem zerschossenen Auge, das vermutlich aus Togo kommt, aber kein Englisch oder gar

Deutsch spricht. Charakteristisch für die Ulmer *Armenklinik* ist, dass niemand als Sozialfall gekennzeichnet wird. „Wir lassen die Patienten das nicht spüren", sagt Dr. Roth. Auch am Empfang und im Wartezimmer des Arztes und seiner zahlreichen Mitstreiter gilt: Menschen mit und ohne Versicherungsschutz werden gleich behandelt; für die ersteren zahlt ihre Krankenkasse, für die anderen zahlt niemand, außer den helfenden Ärzten, die ihre Arbeitszeit honorarfrei zur Verfügung stellen.

Dr. Roth spricht weiter über praktische Problemfelder in der Sozialpolitik. Er berichtet mir von einer jungen Frau, die Hartz 4 erhält und Arbeit sucht. Über das Jobcenter ist sie krankenversichert, aber die Kosten für die Brille, die sich bei ihrer Sehbehinderung auf rund 600 Euro belaufen, übernimmt weder Amt noch Kasse. Mehr noch, die Patientin darf das fehlende Geld rechtmäßig gar nicht verdienen. Nur, welcher Arbeitgeber beschäftigt eine Mitarbeiterin, die nicht ausreichend sieht? Dr. Roth schreibt als Initiator der Ulmer *Armenklinik* deshalb zahllose, und oft vergebliche, Briefe an Behörden und Institutionen im Gesundheitswesen. Er wird sogar, oder gerade deshalb, von vielen Verantwortlichen ignoriert, abgemahnt und behindert, allen voran von der Ärztekammer, welche die Ulmer *Armenklinik* eher argwöhnisch beäugt. „Meine schärfste Waffe ist die Presse", sagt der Arzt, „keine Kasse will genannt werden, weil sie 40 Euro für ein Lesegerät eines Schulkindes verweigert." Dann fügt er zuversichtlich hinzu: „Mittlerweile lehnt eine Kasse einen Antrag von mir höchstens einmal ab."

Dr. Roth wurde kurz vor unserem Gesprächstreffen 70 Jahre alt und führt die *Armenklinik* im Ulm seit sieben Jahren. Die Initiative ist sein Weg, nach Jahrzehnten als niedergelassener Facharzt anstelle des Ruhestands weiterzuwirken. Er nennt das soziale Netzwerk, in das sich auf recht unauffällige Art rund 40 Fachärzte eingliedern, „ein wunderbares Engagement": „Kein einziger Kollege hat je gesagt, das mach ich nicht." Allerdings dürfen Ärzte in Deutschland laut Arztrecht ohne Krankenschein nicht behandeln. So übt das Sozialministerium heftigste Kritik an Roth und argumentiert, er stelle die deutschen Sozialgesetze in Frage, da es Fälle wie die oben genannten Einzelschicksale hierzulande nicht gäbe. „Lassen Sie das", sagte beispielsweise eine bekannte Person der Bundespolitik zu dem Arzt. „Nach sieben Jahren werde ich jetzt ziemlich in Ruhe gelassen, ein Verfahren gegen mich wäre politisch unklug", meint Dr. Roth und legt nach: „Ich gehe vor jedes Gericht, ich gehe vor jede Kamera." Die Arbeit mit den Medien sichert letztlich nicht nur die Existenz der *Armenklinik*. Durch Medienaufrufe kommt der Augenarzt in erfolgreichen Sammelaktionen auch immer wieder zu mehreren tausend gebrauchten Brillen. Sie werden geputzt, vermessen und repariert und kommen Bedürftigen vor Ort wie auch in Entwicklungsländern gleichermaßen kostenlos zugute. „Die Spendenbereitschaft der Bevölkerung ist enorm hoch", sagt der Arzt begeistert. Geld nimmt die *Armenklinik*, die Dr. Roth mit seiner Ehefrau und einer Arzthelferin zu dritt organisiert, grundsätzlich nicht an. Bisherige Geldspenden haben sie an die *Ulmer Bürgerstiftung* mit Quittung weitergeleitet, somit braucht die *Armenklinik* kein Finanzamt, keine Prüfer, keine Bank und hat keine Verwaltungskosten.

Ich vertiefe mit Dr. Roth die Rolle der Medienarbeit in seiner beruflichen Praxis. Er spricht dabei „vom nötigen Gefühl für die Sache". Als Medizinjournalist und langjähriges Mitglied der Redaktion der Fachzeitschrift „Augenspiegel" kennt er das Schreiben aus erster Hand. Sein wissenschaftliches Werk umfasst über 500 Fachpublikationen. Als Ulmer Stadtrat ist er zudem seit Jahrzehnten vor Ort sozialpolitisch engagiert, weshalb dem Augenarzt auch die regionale Pressearbeit bestens vertraut ist. „Das Vertrauen muss stimmen", sagt Dr. Roth und erzählt mir über sensible Situationen mit Medien und die Rücksicht auf die Privatsphäre von Patienten, beispielsweise mittels Code-Namen, wenn es um Soziales oder Medizinisches geht. Auf einige Vertreter der Massenmedien blickend, betont er deshalb: „Das Vertrauensverhältnis zum Patienten darf nicht angegriffen werden", und reflektiert gleichzeitig: „Ohne Medien haben wir keine Überlebenschance." Der Arzt im gesellschaftlichen Spannungsfeld berichtet mir darüber, wie sich seit wenigen Jahren die Idee der *Armenklinik* weiter ausbreitet, von Städten wie München, Stuttgart und Mainz bis hin zu Landärzten, aber auch über Kontakte, die er im Ausland diesbezüglich aufbaut und pflegt. Im Ulmer Modell, so Dr. Roth, „ist jeder völlig frei, um nicht angreifbar zu sein". Deshalb arbeitet die *Armenklinik* eben nicht als Verein oder Stiftung im juristischen Sinne und hat auch keine Satzung, die von Gegnern angegangen werden kann. Alles bleibt unbürokratisch, wie Dr. Roth berichtet: „Wie es funktioniert? Ich glaube, weil wir keine Verwaltung haben und nicht jeden Fall aufnehmen und verwalten müssen. Das wäre sonst ein Wahnsinn an Zusatzarbeit."

Dr. Roth nimmt nochmals einen Schluck Grapefruitlimonade, die auf dem Gesprächstisch steht, und stimmt sich mit seiner Frau, einer Krankenschwester, über das Essen ab. Gemeinsam fahren wir zu seinem Lieblingsitaliener am Ort in seinem kleinen weißen VW, den der Arzt vor allem für Hausbesuche nutzt. Sie führen ihn beispielsweise zu älteren Menschen, die mit einer Krebsdiagnose aus dem Klinikum zum Sterben nach Hause geschickt wurden. „Hausbesuche gehören nicht mehr zur Routine eines Arztes", erklärt mir Dr. Roth. Denn häufig sei die Abrechnung mit den Krankenkassen für einen niedergelassenen Arzt wirtschaftlich schlicht nicht mehr rentabel. Seine Patienten danken Dr. Roth oft anders als mit Geld: Hier häkeln sie für den Arzt liebevoll ein Nachttischdeckchen, dort überreichen sie ihm ein Glas selbstgemachte Marmelade. „Wir wisset doch, des esset Sie so gern", sagte erst gestern auf gut Schwäbisch eine Dame aus der Nachbarschaft, als sie ihm als Dankeschön für die kostenlose Brille ihres Mannes eine Schüssel selbstgemachten Kartoffelsalat an die Haustür brachte. Man sah den Arzt aber auch schon, wie er auf der Treppe mit Ulmer Punkern sitzt, er selbst mit einer Flasche Bier in der Hand. Er will „ganz normal mit Menschen sprechen, auf du und du". Und der Arzt will mit der *Armenklinik* diejenigen nicht aus den Augen verlieren, denen auch in einem Sozialstaat keiner weiterhilft.

Der Patrizier, der im Mittelalter in der freien Reichsstadt Ulm die erste *Armenklinik* der damaligen Welt ins Leben rief, hieß übrigens Johannes Roth. „Nomen est omen", denke ich mir, während ich auf dem Rückweg zum Auto des Arztes auf das Nummernschild blicke. Die Buchstaben darauf: UL-M.

7

Einfach nicht kompliziert

Wir leben in einer Wegwerf-Gesellschaft. In Köln setzt ein kreativer Geist scheinbar unbrauchbare Dinge zu neuen Wohnelementen zusammen. Und wird dabei von Helfern aus sozialen Werkstätten unterstützt, die ihr ganz eigenes Zechen auf den Möbeln hinterlassen ...

Für Marc ist Nachhaltigkeit etwas zum Selbermachen, mit System zusammengesteckt, haltbar und belastbar, kreativ kombinierbar: Man kann mit einem kleinen Geldbeutel beginnen und nach und nach aufbauen. Nachhaltig sind für ihn Materialien, die schon einmal verwendet wurden, in ursprünglich ganz anderen Zusammenhängen. Es ist nichts Kompliziertes daran, und genau deshalb folgen andere seiner Leidenschaft.

An einem Montagmorgen bin ich in Köln unterwegs und besuche Marc bei seiner Arbeit. In einer Seitenstraße fällt mein Blick auf ein historisches Fabrikgebäude. Als ich die gesuchte Hausnummer in meinem Notizbuch nachschlage, wird mir klar, dass ich mich just an der richtigen Adresse befinde. Marc hat vor Kurzem nahe der Florastraße eine Arbeits- und Ateliergemeinschaft eröffnet. Er nennt ihre Räumlichkeiten, wie ich später auf druckfrischen Flyern lese, passend zum Standort, *die kleine fabrik*. Das Klinkergebäude, in dem zu Gründerzeiten einst Schuhe

angefertigt wurden, ist mit Efeu eingewachsen. Alte, ange-
brochene Ziegelsteinmauern umgeben den zierlich gestalteten
Vorgarten. Neben dem Eingang liegt ein Gartenteich. Eine Haus-
hälfte wird als Kindergarten genutzt. Im ersten Stockwerk sehe
ich das meterhohe Außenglas einzelner Wohnräume. Am Fenster
neben Marcs Atelier hängt ein Plakat, das mit einer Farbzeich-
nung auf das *Baltimore Wooden Boat Festival* aufmerksam macht.
Während ich mich weiter umsehe, rollt ein junger, schlanker Typ
lächelnd mit dem Fahrrad auf mich zu. Er steigt ab und
begrüßt mich mit einem festen Händedruck. Er ist rund zwei
Meter groß. Marc ist leger gekleidet und hat längere, tief-
schwarze Haare. Mit einem Morgenkaffee aus der Espressomaschine der *kleinen fabrik* setzenwir uns in den Garten und
Marc beginnt, eine Geschichte aus seinem Vorleben zu erzählen.

„Ein Trauma ist vielleicht zu weit gefasst", meint er scherzend
über das Praktikum bei einer Wirtschaftsprüfungsgesellschaft
in China, das er im Rahmen seines Auslandsstudiums der
Betriebswirtschaftslehre und Sinologie machte, „aber mit der
Zeit habe ich gemerkt, wie ich mich in den Turm reinschleppe
und mir gesagt habe, das willst du nicht machen." Also gründete
Marc bereits im Studium lieber ein Unternehmen und mit
einem Kommilitonen zusammen importierte er Tonreplikate
der Armee des ersten Kaisers von China nach Deutschland. Ein-
gekauft hatte er sie bei einer Familienmanufaktur, die vor Ort
die Figuren in traditioneller Handarbeit fertigt. Es dauert nicht
lange und auf unserem Kaffeetisch befindet sich ein General aus
Ton. Ein bisschen erinnert mich dieser an Marc: Der General
als Stratege mit seinem Heer, Marc als Gestalter und Ein-

Personen-Unternehmen mit einer sozial und ökologisch möglichst nachhaltigen Wertschöpfungskette. Marc ist beruflich ein Allrounder und das macht ihm richtig Spaß. Schließlich ist er in seinem Unternehmen für alles verantwortlich. Nur am Computer oder nur in der Werkstatt arbeiten, deckt sein gewolltes Spektrum nicht ab. „Alles hängt an einem selbst", sagt er und berichtet mir von seinem Kalenderhandbuch, in dem er gerne abhakt, was erledigt ist: „Digital geht das so nicht."

Das Unternehmen von Marc heißt *reditum – Möbel mit Vorleben* und besteht seit drei Jahren. Kerngeschäft ist die Gestaltung nachhaltiger Einrichtungsgegenstände. Außerdem organisiert Marc den Vertrieb über seinen Onlineshop und Dritthändler in Geschäften. Am erfolgreichsten ist sein modulares Regalsystem. Dieses Inventar setzt er auch in der *kleinen fabrik* ein, die Marc mit Freunden als Bürogemeinschaft, Ladengeschäft und Nachbarschaftscafé nutzt. Erst kürzlich sind die Räumlichkeiten frei geworden. Vormieter waren die Architekten, die das ehemalige Fabrikgebäude zur heutigen Nutzung umgebaut hatten. Marc erzählt, wie sich sein Standort in Köln-Nippes entwickelt, sein *Veedel*, was so viel wie Stadtteil bedeutet. Als Zivildienstleistender ist er von Heidelberg hierher gekommen und geblieben. „Köln ist für meine Arbeit ideal", sagt er, „hier ist ein starkes Bewusstsein vorhanden für das, was ich mache. Man trifft Leute immer wieder, es ist weitläufig und gleichzeitig sehr überschaubar."

Doch, was genau macht Marc im *Veedel*, und wie macht er die Dinge anders? „Nachhaltigkeit ist ein Interesse, das immer mehr gewachsen ist. Verantwortung war mir schon immer wichtig, für die Umwelt und für die Gesellschaft", berichtet Marc. Die berufliche Selbstständigkeit sieht er als „guten Boden, um das Eigene umzusetzen". Dabei folgt seine Möbelproduktion dem Prinzip des Upcycling. Sprich, aus nicht mehr gebrauchtem Material entsteht etwas Neues mit Nutzwert. Holzstücke aus Einwegpaletten sind der Rohstoff für seine Regale. Marc verwendet solche Paletten, die wegen abweichender Maße oder aus anderen Gründen nicht mehr in den vorgesehenen wirtschaftlichen Kreislauf passen. Sie werden als hölzerne Module zu tragenden Bestandteilen verarbeitet. An ihr Vorleben als industrielles Transportmittel erinnert die Markenbezeichnung *moveo*. // *Das weitgereiste Regalsystem.* Die Holzbestandteile des Mobiliars sind mit ausrangierten Fahrradschläuchen umringt, stabilisiert und miteinander kombinierbar. Bis ein Regal fertiggestellt ist, kommt eine Menge Handarbeit zum Einsatz. Sämtliche Möbel von *reditum* fertigen Mitarbeiterinnen und Mitarbeiter in sozialen Werkstätten an. Dort finden Menschen Beschäftigung, denen am ersten Arbeitsmarkt das soziale Abseits droht oder ein Zugang zu „normalen" Arbeitsplätzen grundsätzlich nicht möglich ist. Rein rechnerisch ist dieses Modell nicht der lukrativste Produktionsweg, erklärt mir Marc. Aber er ist davon überzeugt und setzt auf „einen fairen Anteil für jeden in der Wertschöpfungskette". Marc fügt hinzu: „Wenn meine Firma ausbeuterisch ist, dann eher in meine Richtung." Er setzt enorm viel Arbeitszeit ein, die sich – so wie Marc die Abwechslung liebt – auch mit ehrenamtlichen Tätigkeiten mischt, wie seinem Engagement für Standortpolitik als Vorstand in einer Kölner Designinitiative. Rückblickend auf die ersten beiden Unternehmensjahre, ist er nahezu monatlich auf einer Messe kreuz und quer in Deutschland präsent gewesen. Das heutige Montagsprogramm geht dementsprechend auch mit einem Messeabbau beim Kölner Festival *ökoRausch* los. Außerdem plant er einen Arbeitsbesuch in den sozialen Werkstätten.

Marcs Firmenwagen ist ein alter Citroën-Transporter. Unter anderem enthalten: ein Eimer mit Gras, eine Schaufel, eine Werkzeugkiste, eine Kiste mit Fahrradschläuchen und eine Fototasche. Während der Fahrt in die Werkstätten hake ich zum Thema Upcycling nach: „Der Trend ist für mich sehr zuträglich", meint Marc, der seine Idee schon umgesetzt hatte, bevor Upcyclen in Mode kam, „aber manche drillen Dinge auch auf gebraucht, was der Idee widerspricht. Die Frage ist, ob du Ressourcen aus ihrem Leben herausnimmst. Im Großen und Ganzen schaue ich, dass meine Materialen ihren Zweck schon erfüllt haben." Mit der Fertigung seiner Möbel in sozialen Werkstätten ergänzt Marc die ökologischen Aspekte des Upcyclings um eine gesellschaftliche Arbeitsmarktkomponente. Dies war von Anfang an das Konzept von *reditum – Möbel mit Vorleben*. Marc muss bei diesem Modell unternehmerischer Wertschöpfung verschiedene Tagesformen seiner Mitwirkenden einkalkulieren, denn diese haben mitunter selbst ein belastendes Vorleben. Als Auftraggeber und Schnitt- stelle zu Käufern muss er daher manchmal flexibel auf mögliche Schwankungen in der Produktion reagieren. Aber es macht ihm „wahnsinnig Spaß" und läuft „sehr persönlich" ab. Anfangs standen die Werkstätten Marcs ungewöhnlicher Geschäftsidee eher skeptisch gegenüber. Heute produzieren sie die Baukasten- möbel mit Stolz und stellen einzelne Möbel repräsentativ in den Betriebsräumlichkeiten aus. Sie sind Marc sogar bei der stetigen Suche nach ausrangiertem Material behilflich.

Als wir in den Werkstätten unweit der Kölner Filmstudios ankommen, macht mich Marc mit dem Leiter der Schreinerei bekannt. Anschließend zeigt er mir den Betrieb. „Na Künstler, wieder ’nen Auftrag dabei?", ruft ihm einer der Mitarbeiter recht unverhohlen zu. Die beiden kennen sich und wir plaudern scherzhaft über Ratsch und Tratsch. Der Schreinermeister, der die Mitarbeiter führt, meint später zu mir: „Warum einer hier ist, ist egal. Wichtig ist, dass hier die Menschen noch das Gefühl haben, wertgeschätzt zu sein." Das verdeutlicht mir auch der Rundgang im Betrieb: Grüße, Gespräche, Aufgeschlossenheit, helle und großzügige Arbeitsbereiche. Marc arbeitet hin und wieder auch selbst in den sozialen Werkstätten mit, um seine Produzenten von innen heraus kennen zu lernen und die Anforderungen durch die Produktionsaufträge aus praktischer Sicht zu verstehen.

Über die sozialen Werkstätten läuft auch der Versand der Regale an die Kunden von *reditum*. Mittlerweile gibt es das Regalsystem in einem Dutzend unterschiedlicher Maße. Das erlaubt einer Regalwand, noch mehr räumliche Lebendigkeit anzunehmen. Anhand der Bestellungen merkt Marc, dass viele Kunden öfter kaufen. Zusammengebaut werden die Regale als Stecksystem ohne Werkzeug. Marc berichtet von Sammlern und gar von Quartalskäufern. Außerdem von „null Retouren". Die Kunden, mit denen Marc oft online und auf Messen im persönlichen Kontakt steht, zeigen sich verständnisvoll für den seltenen Fall, dass eine Bestellung wegen Engpässen in der Produktion etwas später ausgeliefert wird. Marc deutet das als Anerkennung für das Gesamtkonzept. Am Ziel mit allen Aspekten der Nachhaltigkeit sieht er sich freilich noch nicht und beschreibt dazu auf seiner Webseite ein treffendes Beispiel: „Ökostrom – erledigt. Stromsparen – in Arbeit."

Wenn *Möbel mit Vorleben* in neuer Umgebung wieder Nutzen stiften, darf eines nicht fehlen: Auf jedem Regal befindet sich neben dem Brandstempel *reditum* ein echter Fingerabdruck in Rot. Als ich nachfrage, erklärt mir Marc: „Das ist immer ein Signet eines Mitarbeiters aus der sozialen Werkstatt, der an der Herstellung beteiligt war."

Nachwort

7 Tage CSR vom Kleinsten
Von Prof. Dr. Günther Bachmann

Sieben großartige Geschichten: Warum gerade sieben, weiß ich nicht. Ich bin erst nach Ende des Schreibprozesses dazu gestoßen. Sieben ist aber eine gute Zahl, anspielungs- und bedeutungsreich in vielerlei Hinsicht. Sieht man einmal vom Arbeitsaufwand ab, dann wären aber auch 70, ja sogar 700 Geschichten möglich, vielleicht gar noch zigfach mehr. Nachhaltigkeit ist keine Sache für randständige Sonderlinge. Das lassen die vielen als Werkstatt N ausgezeichneten Nachhaltigkeitsprojekte und Geschäftsimpulse sowie die unter dem Label *FuturZwo* versammelten Projekte erkennen. Kleine und kleinste Unternehmen sind, das ist schon oft mit beschwörendem oder stolzem Unterton gesagt, das Herz der deutschen Wirtschaft. Jene von ihnen gebührend zu würdigen, die ein ausgesprochenes Nachhaltigkeitsprofil haben, ist ein nötiges Pendant zu *Deutschlands Nachhaltigsten Unternehmen*, die jeweils im November eines Jahres mit dem *Deutschen Nachhaltigkeitspreis* ausgezeichnet werden. Eines der Kleinstunternehmen dieses Buches, das *Atelier Thomas Becker*, trägt bereits die Nominierung für den Nachhaltigkeitspreis.

Wolfgang Keck erzählt Unternehmensgeschichten von der Überzeugung einzelner und wie diese eine kreative Verbindung mit

Können und Kompetenz einging. Und wie diese wiederum zu einem Erfolgskurs für Projekte werden, die sich dem Anliegen einer auf Nachhaltigkeit ausgerichteten Entwicklung stellen. So lese ich die Geschichten aus Scheeßel, Rostock, Hamburg, Dessau, Halle, Berlin, Ulm-Wiblingen und Köln-Nippes. Zusammengenommen zeigt dies alles, dass Nachhaltigkeit heute zählt.

Kein Wunder, mag man denken, denn die Probleme wachsen uns ja wahrlich über den Kopf. Ökologische Belastungsgrenzen werden weltweit überschritten, megafinanzielle Schulden bedrohen Europa an mehr als einer Stelle, Afrika wird zum Opfer einer kontinentübergreifenden Steuerhinterziehung, die vor allem eines ist: die Hinterziehung von Lebens- und Umweltqualität. Allenthalben muss da der Griff zum effizienten Elektrogerät oder zum fair gehandelten Produkt schon recht marginal anmuten.

Das täuscht.
Der Einzelne zählt mehr denn je. Heute erhält das Handeln des Einzelnen einen neuartig-anderen Kontext. Die Moderne schafft ihm fast unbegrenzte Informationsquellen; Internet und so genannte soziale Netzwerke verändern das Verhältnis von Individualität und Kollektivität. Das Individuelle wird einerseits anonymer und strebt andererseits nach vermehrter Anerkennung außerhalb enger Grenzen von Familie und Nachbarschaft. Das ist ambivalent, keine Frage. Wir beobachten unsinnigen Konsum und die Verstärkung von sozialer Ungleichheit in die Konsummuster und Sprachwelten hinein. Aber wir beobachten auch ein Ansteigen nachhaltigen Konsums. Der nachhaltige Warenkorb (nebenbei ein Projekt des Nachhaltig-

keitsrates) gewinnt an Relevanz. Und so oder so steigert diese Ambivalenz die Bedeutung des Individuums als haftbare, sein eigenes Handeln verantwortende Person.

Die Zahl kleiner Firmen mit Nachhaltigkeitsprofil und die Zahl der Gründer generell haben in Deutschland im letzten Jahrzehnt zugenommen. Berlin und Hamburg sind vorne. Die Freien Berufe in den Kommunikations-, IT- und künstlerischen Berufen verzeichnen die meisten Gründungen. Aber auch im Bereich kluger und sauberer Technik und Technologien und bei den sozialen Dienstleistungen kommt das nachhaltige Wirtschaften glücklicherweise voran.

Die von Wolfgang Keck besuchten Unternehmen belegen eine unangenehme Wahrheit der Nachhaltigkeitspolitik. Irgendwie landen wir mit den grünen Themen immer wieder in Geschäftsfeldern mit brutalem Wettbewerb, oft auch in Verbindung mit kaum relevanter Innovationsdichte respektive einem Nachholbedarf an Innovation und Forschungsförderung. Gerade beim nachhaltigen Wirtschaften werden wir uns ganz neue und experimentelle Strategien der Forschungsförderung erarbeiten müssen. Kleine Unternehmen gibt es nicht nur dort, wo Wolfgang Keck sie gefunden hat. Es sollte sie auch vermehrt an der Schnittstelle von Wissenschaft und Innovation geben, das heißt an der Schnittstelle zu Politik und Wirtschaft.

Das Kino kennt und schätzt den Autorenfilm neben dem Mainstream der großen Produktionsformen. Er hat eine klare Handschrift, meist verbunden mit einer unkonventionellen und jedenfalls oft kleinen Finanzgrundlage. Oft totgesagt und nie wegzukriegen. Das liegt daran, dass die Wirklichkeit immer wieder aufs Neue hervorbringt, was individuell, unbesorgt, authentisch ist. Eine Kunstform eben, auf die zu verzichten unklug wäre. Denn das Unkonventionelle ist wichtig, weil es Veränderung und Übergänge schafft. Kleinstunternehmer sind wie Autorenfilme. Es sollte mehr von denen geben, die die Nachhaltigkeit als Richtschnur nutzen.

Prof. Dr. Günther Bachmann

... studierte Landschaftsplanung und war von 1983 bis 2001 im Umweltbundesamt tätig. Als Generalsekretär des Nachhaltigkeitsrates der Bundesregierung koordiniert er dessen politische und organisatorische Arbeit und treibt mit Impulsen und Initiativen das Nachhaltigkeitsdenken in Wirtschaft, Politik und Gesellschaft voran. Er ist Vorsitzender der beiden Jurys des Deutschen Nachhaltigkeitspreises für Unternehmen und für Städte. Als Redner und in zahlreichen Aufsätzen nimmt er zu aktuellen Fragen der Nachhaltigkeitspolitik und des Umweltschutzes Stellung. Er ist in wissenschaftlichen Beiräten, Stiftungskuratorien sowie in europäischen und internationalen Netzwerken tätig.

Danksagung

7 Tage CSR vom Kleinsten

„7 Tage CSR vom Kleinsten" ist im ersten Teil ein Tagebuch, im Zweiten fordert es Sie, liebe Leserin, lieber Leser, dazu auf, Ihre eigene nachhaltige Erfolgsgeschichte zu schreiben. Lassen Sie sich von den sieben Unternehmerinnen und Unternehmern inspirieren, die ich auf meiner Spurensuche getroffen habe. Der Leitfaden im Anhang begleitet Sie anschließend auf Ihrer eigenen sieben-tägigen Reise hin zu einem nachhaltigeren Arbeitsumfeld.

Besonders bedanken möchte ich mich bei den Protagonistinnen und Protagonisten meiner besuchten Kleinstunternehmen. Ohne ihre offenen Türen in Dessau, Halle, Hamburg, Köln, Rostock, Scheeßel und Ulm könnte es dieses Tagebuch nicht geben! Mit Dank verbunden bin ich schließlich Professor Günther Bachmann für sein Nachwort. Dem Verleger Fritz Lietsch danke ich für seine wertvolle Kritik und Kreativität, und freue mich auf eine nachhaltige Zusammenarbeit. Ihnen als Leserin und Leser wünsche ich einige unterhaltsame Anregungen und hilfreiche Auseinandersetzungen mit Ihrem persönlichen Arbeitsprogramm für nachhaltigeres Wirtschaften.

Schreiben Sie dieses Buch weiter und schicken Sie mir Ihre Erfolgsgeschichte. Welche Maßnahmen haben Sie umgesetzt? Wie haben Ihre Geschäftspartner und Ihr privates Umfeld auf die Veränderungen reagiert? Lassen Sie aus „7 Tagen CSR vom Kleinsten" Wochen um Wochen und Jahre um Jahre werden!

Ihr Wolfgang Keck
Berlin im Frühling 2016

Schicken Sie Ihre Erfolgsgeschichte an:
info@forum-csr.net oder **keck@keck-kommuniziert.de**

Weiterführende Literatur und Medien

Der CSR-Manager. Unternehmensverantwortung in der Praxis.
Dr. Dennis Lotter und Jerome Braun. 3. Auflage,
ALTOP Verlag 2014, ISBN 978-3-925646-54-6

Zukunft gewinnen! Die sanfte Revolution
für das 21. Jahrhundert – Inspiriert von Visionär Robert Jungk.
Hrsg. Rolf Kreibisch und Fritz Lietsch, 1. Auflage,
ALTOP Verlag 2015, ISBN 978-3-925646-65-2

B.A.U.M. Report: Intelligent Cities – Wege zu einer
nachhaltigen, effizienten und lebenswerten Stadt,
ALTOP Verlag 2013, ISBN 978-3-925646-59-1

B.A.U.M. Jahrbuch 2016: Nachhaltigkeit glaubwürdig
und wirksam kommunizieren,
ALTOP Verlag 2016, ISBN 978-3-925646-66-9

ECO-World – Bewusst besser leben, mit Magazin
und Einkaufsratgeber
www.eco-world.de

Anhang – Ihr Nachhaltigkeitsprogramm

Liebe Leserin, lieber Leser,

wir haben jeden Tag die Chance, uns zu verändern und neue Akzente zu setzen. Schon Mahatma Ghandi lehrte uns: „Sei du selbst die Veränderung, die du dir wünschst für diese Welt." Das nachfolgende Arbeitsprogramm möchte Sie auf Ihrem Weg zu einem nachhaltigeren Unternehmen unterstützen. Es begleitet Sie eine Woche lang, damit Sie Ihrem Ziel täglich ein Stück näher kommen. Sie werden sehen, dass für viele Veränderungen nicht immer große Opfer oder ausgeklügelte Masterpläne notwendig sind. Oft sind es gerade die kleinen Dinge, die große Wirkung haben und den Unterschied ausmachen. Und Sie werden feststellen, dass gerade der Ausbruch aus unserer alltäglichen Routine kreatives Potenzial freisetzt und Sie dadurch weitere Ideen generieren werden.

Bei diesem Programm reichen Ihnen im Schnitt 20 Minuten am Tag aus, um mit den Übungen auf den Punkt zu bringen, was Sie in Ihrem Arbeitsumfeld erneuern wollen. Lassen Sie sich überraschen, wie einfach Sie Ihr Unternehmen noch nachhaltiger gestalten können.

Werden Sie kreativ und schreiben Sie jeden Tag Ihre persönliche und nachhaltige Erfolgsgeschichte weiter!

Viel Erfolg!

Montag

Beginnen Sie Ihr Nachhaltigkeitsprogramm im Kopfstand und betrachten Sie die Dinge einmal anders herum! Fragen Sie sich:

Wo ist mein Unternehmen besonders „un-nachhaltig"?

Notieren Sie für jedes Aktionsfeld in der folgenden Tabelle Ihre jeweils drei auffälligsten Punkte:

15-Punkte-Checkliste der „Un-Nachhaltigkeit"

un-nachhaltig in der Unternehmensführung
1.
2.
3.

un-nachhaltig mit Mitarbeiter/innen und / oder der eigenen Arbeitskraft
4.
5.
6.

un-nachhaltig im Markt
(z. B. Produkte, Dienstleistungen, Kunden, Einkauf)

7.

8.

9.

un-nachhaltig mit Umwelt und Ressourcen
(z. B. Energiebedarf, Mobilität, Büromaterial)

10.

11.

12.

un-nachhaltig im sozialen Umfeld
(z.B. Nachbarn, Standort, Kiez)

13.

14.

15.

Dienstag

Den heutigen Schritt in Ihrem Nachhaltigkeitsprogramm sollten Sie offen und kritikfreudig angehen. Schreiben Sie eine Nachricht an je zwei Personen aus Ihrem beruflichen sowie privaten Umfeld. Bitten Sie die Befragten, in den Kategorien „Beruf", „Mitmensch" und „Umwelt" jeweils drei Werte zu nennen, die besonders stark auf Sie als Person zutreffen. Notieren Sie im folgenden Werte-Set jeweils den Namen der Befragten und die erhalten Antworten.

Wie andere mich im Bereich „Beruf" bewerten ...	
Geschäftsfreund/in:	Freund/in:
.	.
.	.
.	.
Geschäftsfreund/in:	Freund/in:
.	.
.	.
.	.

Wie andere mich als „Mitmensch" sehen ...

Geschäftsfreund/in:	Freund/in:
·	·
·	·
·	·

Geschäftsfreund/in:	Freund/in:
·	·
·	·
·	·

Wie andere mich im beim Thema „Umwelt" einschätzen ...

Geschäftsfreund/in:	Freund/in:
·	·
·	·
·	·

Geschäftsfreund/in:	Freund/in:
·	·
·	·
·	·

Mittwoch

Schauen Sie sich Ihr Unternehmen heute einmal durch die „Nachhaltigkeitsbrille" an. Sie werden in Ihrem Kerngeschäft eine Vielzahl an Schnittstellen mit den Nachhaltigkeitsdimensionen Markt, Umwelt und Mensch finden. Bitte notieren Sie in die folgende Tabelle, auf welche Themen, Zusammenhänge und Anforderungen es Ihnen jeweils am meisten ankommt. Finden Sie zu jeder Notiz heraus, wer innerhalb und außerhalb Ihres Unternehmens damit zu tun hat.

Markt: **Auf was und wen es mir ankommt**	
Themen	Personen / Organisationen
1.	
2.	
3.	
4.	
5.	

Umwelt: **Auf was und wen es mir ankommt**

Themen	Lebewesen und -bereiche / Organisationen
1.	
2.	
3.	
4.	
5.	

Mensch: **Auf was und wen es mir ankommt**

Themen	Person / Organisation
1.	
2.	
3.	
4.	
5.	

Donnerstag

Vergleichen Sie heute die Tabellen, die Sie am Montag, Dienstag und Mittwoch angefertigt haben. Sie erhalten damit einen Überblick zu Schwachstellen und den noch zu behebenden „Un-Nachhaltigkeiten" (*siehe Montag*). Zugleich finden Sie aber auch wertvolle Eigenschaften und Talente (*siehe Dienstag*) und einen systematischen Überblick zu Themen und Anspruchsgruppen, die Ihnen besonders viel bedeuten (*siehe Mittwoch*).

In Summe ergeben sich Spannungsfelder, Interessenskonflikte und Ungleichgewichte. Diese sind ihr individueller Ausgangspunkt für nachhaltigeres Handeln! Arbeiten Sie für Ihr Nachhaltigkeitsprogramm eine Handvoll Themen entlang der folgenden Struktur heraus:

Mein 1. Nachhaltigkeitsthema lautet:

Dazu setze ich mir folgendes Ziel:

Was ich dafür verändere:

Mein 2. Nachhaltigkeitsthema lautet:

Dazu setze ich mir folgendes Ziel:

Was ich dafür verändere:

Mein 3. Nachhaltigkeitsthema lautet:

Dazu setze ich mir folgendes Ziel:

Was ich dafür verändere:

Mein 4. Nachhaltigkeitsthema lautet:

Dazu setze ich mir folgendes Ziel:

Was ich dafür verändere:

Mein 5. Nachhaltigkeitsthema lautet:

Dazu setze ich mir folgendes Ziel:

Was ich dafür verändere:

Freitag

Die folgende Struktur verhilft Ihnen zu einem einfach hand-habbaren und verbindlichen Konzept für Ihre Unternehmens-kommunikation. Wenden Sie dieses Muster für Ihre drei wichtigsten Nachhaltigkeitsbotschaften an.

Meine Botschaft (A) _____ will ich

gegenüber _____ kommunizieren

und diese Medien/Kanäle _____ nutzen, um

folgendes Ergebnis _____ zu erreichen.

Meine Botschaft (B) _____ will ich

gegenüber _____ kommunizieren

und diese Medien/Kanäle _____ nutzen, um

folgendes Ergebnis _____ zu erreichen.

Meine Botschaft (C) _____ will ich

gegenüber _____ kommunizieren

und diese Medien/Kanäle _____ nutzen, um

folgendes Ergebnis _____ zu erreichen.

Samstag

Das Wochenende hat begonnen! Aber gerade Nachhaltigkeit eignet sich bestens als verbindendes Element im beruflichen und privaten Leben. Egal also, ob Sie heute am Schreibtisch sitzen oder zu Hause auf dem Sofa. Reflektieren Sie in ein paar ruhigen Minuten einmal folgende Fragen und Entwicklungen:

Wie haben sich in meinem heutigen beruflichen Leben Prioritäten, verglichen mit meiner Situation vor 10 Jahren, verändert?

Was ist mir heute in meinem Privatleben am Wichtigsten?

Wie sollte in 10 Jahren eine gute Vereinbarkeit meiner beruflichen und privaten Interessen aussehen?

-
-
-

Sonntag

Herzlichen Dank, dass Sie dieses Buch weitergeschrieben haben! Es liegt nun an Ihnen, mit Ihrem Nachhaltigkeitsprogramm am Ball zu bleiben. Überlegen Sie heute, wem Sie diesen Ball zuspielen wollen. Mit welchen Kolleginnen und Kollegen wollen Sie sich über Ihr Nachhaltigkeitsprogramm austauschen? Beteiligung und Austausch auf Augenhöhe sind wesentliche Prinzipien eines gemeinsam getragenen Entwicklungsprozesses in Richtung mehr Nachhaltigkeit.

Folgenden Kolleginnen und Kollegen lege ich dieses Nachhaltigkeitsprogramm nahe:

.

.

.

.

.

Vielleicht entscheiden Sie sich auch dazu, dieses Programm ein weiteres Mal zu beginnen? Setzen Sie sich selbst einen verbindlichen Termin dafür.

Ich beginne erneut am

Montag, den   _____ . _____ . _____

Viel Erfolg auf Ihrem Weg zu mehr Nachhaltigkeit!

Über den Autor

Wolfgang Keck lebt und arbeitet in Berlin und Detmold. Mit CSR kam er 2004 in Wien durch die nationale Leitung eines Pilotprojekts der Europäischen Kommission in Verbindung. Als Herausgeber und Mitautor, legte er 2006 mit dem „CSR Trainingshandbuch" eine Pionierarbeit in der deutschsprachigen Fachliteratur zur beruflichen Qualifizierung im Bereich CSR und Nachhaltigkeit vor.

In Folge hat Keck als Projektleiter bei der GILDE-Wirtschaftsförderung der Stadt Detmold in einem internationalen Konsortium zur Entwicklung der Wissensplattform „www.csr-training.eu" beigetragen. Im Bundesprogramm „Gesellschaftliche Verantwortung im Mittelstand" entwickelte er mit der GILDE als Senior Consultant und Trainer drei Jahre lang an zehn Standorten mit Inhaber/innen und Führungskräften aus kleinen und mittleren Unternehmen eigene CSR-Strategien.

Den Deutschen Industrie- und Handelskammertag begleitete Keck bei der Konzeption des Zertifikatlehrgangs „CSR-Manager (IHK)". Er ist Dozent und Prüfer für angehende CSR-Manager an der IHK Nürnberg und IHK Bonn. Zudem berät er mittelständische Unternehmen bei der Konzeption, Umsetzung und Kommunikation von CSR und Nachhaltigkeit. Bislang erschienen von ihm Ratgeberdossiers beim nwb Verlag und Fachbeiträge in der Managementreihe „Corporate Social Responsibility" beim Springer-Gabler-Verlag.